Prof. Enos Masheija Rwantale Kiremire

ANÁLISE DE AGLOMERADOS DE CARBONILO METÁLICO SIMPLIFICADA

Prof. Enos Masheija Rwantale Kiremire

ANÁLISE DE AGLOMERADOS DE CARBONILO METÁLICO SIMPLIFICADA

ScienciaScripts

Cover image: www.ingimage.com

This book is a translation from the original published under ISBN 978-620-8-41923-3.

Publisher:
Sciencia Scripts
is a trademark of
Dodo Books Indian Ocean Ltd. and OmniScriptum S.R.L publishing group

120 High Road, East Finchley, London, N2 9ED, United Kingdom
Str. Armeneasca 28/1, office 1, Chisinau MD-2012, Republic of Moldova, Europe
Managing Directors: Ieva Konstantinova, Victoria Ursu
info@omniscriptum.com

Printed at: see last page
ISBN: 978-620-8-62897-0

Conteúdo

INTRODUÇÃO

O número atómico, que foi descoberto por H. Moseley em 1913, desempenhou um papel fundamental na organização dos elementos químicos de forma bem organizada para produzir a moderna TABELA PERIÓDICA. Isto facilitou muito aos químicos a realização de reacções químicas que deram origem a uma vasta gama de produtos químicos e materiais de importância vital para a humanidade. No entanto, a ordem entre estes produtos químicos permaneceu ilusória durante algum tempo. Devido ao enorme interesse em descobrir a diferença entre hidrocarbonetos e boranos, bem como entre aglomerados de carbonilos metálicos, verificou-se que os carbonilos metálicos seguem a série de aglomerados S=14n+q, enquanto os boranos e os hidrocarbonetos seguem a série S=4n+q, em que n=é o número de elementos esqueléticos num aglomerado e q é uma variável numérica.

Por exemplo, $F=B_4H_{10}$, S=4(BH)+6H=4n+6(onde n=4) e VE=4(4)+6=22; $F=B_5H_7$, S=5(BH)+2H=4n+2(n=5) e VE=4(5)+2=22; $F=B_5H_9$, S=5(BH)+4H=4n+4(n=5), VE=5(4)+4=24. No caso dos carbonilos metálicos,

$F=Os(CO)_5$; $S=[Os(CO)_3]$+2CO=14n+4(n=1), VE=14(1)+4=18;

$F=Os_2(CO)_9$, $S=2[Os(CO)_3]$+3CO=14n+6(n=2), VE=14(2)+6=34;

$F=Os_3(CO)_{12}$, $S=3[Os(CO)_3]$+3CO=14n+6(n=3), VE=14(3)+6=48

Outras investigações levaram à descoberta dos números esqueléticos em 2015. Os números esqueléticos são extremamente úteis na análise e categorização de grupos químicos. Exemplos : $F=B_5H_9$(n=5,B: k=2.5, H: k=-0.5, actuando como ligando); K=5(2.5)+9(-0.5)=8,K(n)=8(5): K=n+t=5+3(n=5, t=3), V=2k=2(2.5)=5 para o ponto nodal do boro. A forma do B5H9 é mostrada abaixo.

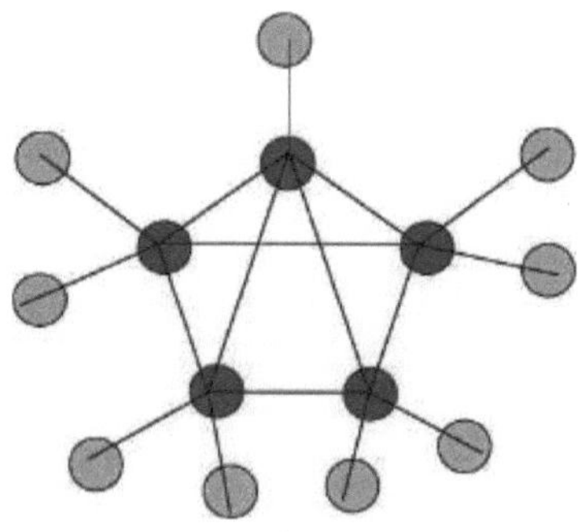

Figura 1.

Assim, com números esqueléticos, a forma isomérica pode ser facilmente construída. Consideremos mais dois exemplos.

$F=B_6H_6^{2-}$(n=6): K=6(2.5)+6(-0.5)+2(-0.5)=11; K(n)=11(6),
K=n+t=6+5(n=6, t=5): A forma isomérica é mostrada na Figura 2.

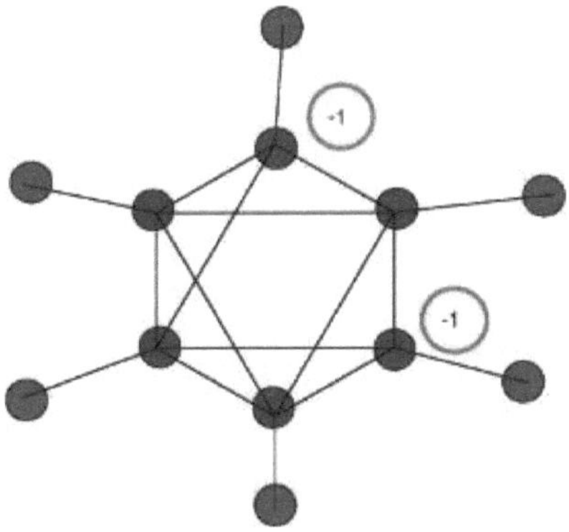

Figura 2.

Cada ponto nodal obedece à regra do octeto. O boro tem 3 electrões de valência. Existem 4 ligações esqueléticas que doam 1 eletrão cada e um ligando H que doa 1 eletrão, o que faz com que VE= 3+4+1=8. Para os pontos nodais com carga negativa (-1), o ligante também doa 1 eletrão, pelo que VE=3+3+1+1=8.

Vejamos outro exemplo $F=Os_6(CO)_{18}^{2-}$

K=6(5)+18(-1)+2(-0.5)=11; K(n)=11(6). O parâmetro K(n) do aglomerado $B_6H_6^{2-}$ é o mesmo que o do aglomerado $Os_6(CO)_{18}^{2-}$. Isto significa que os dois grupos possuem simetria esquelética idêntica (O_h). Uma vez que Os(k=5), o seu ponto nodal tem uma valência esquelética de V=2k=2(5)=10. Isto significa que em cada ponto nodal haverá 10 ligações. Uma vez que o ligando carbonilo(:CO) é um dador de 2 electrões, representa duas ligações. A forma do $Os_6(CO)_{18}^{2-}$ é apresentada na Figura 3.

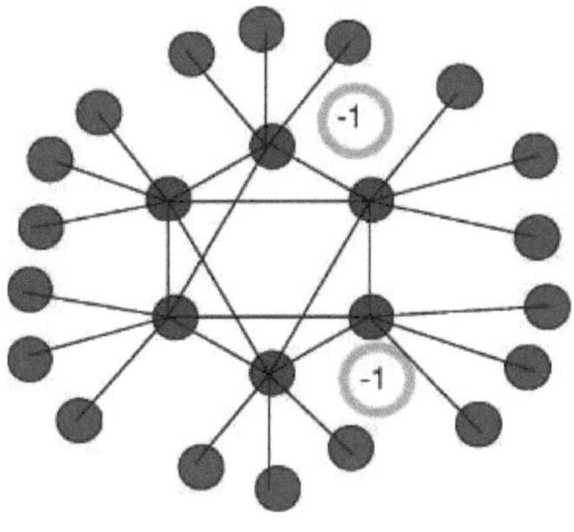

Figura 3.

A descoberta do número esquelético (k) conduziu à descoberta do número de cluster (K). A partir de K, tornou-se possível obter um importante parâmetro de aglomeração K(n) e a relação isomérica K=n+t que permite construir formas isoméricas adequadas de aglomerados químicos. Mais importante ainda foi a descoberta do parâmetro de dupla cobertura dado por $K^*=D^zC^y$ onde D^z segue a série 14n e C^y segue a série 12n para metais de transição e z+y=n (a soma dos elementos esqueléticos no aglomerado. A análise e o estudo de uma vasta gama de aglomerados químicos revelam que, em geral, um aglomerado tem duas camadas, a D e a C, que acomodam elementos esqueléticos rodeados por 14 e 12 electrões cada, respetivamente, para os elementos de transição e 4 e 2 para os elementos do grupo principal, respetivamente, e 28 e 26, respetivamente, para os lantanídeos/actnídeos.

Podemos considerar a presença de um terceiro invólucro designado por invólucro NUCLEAR. Este invólucro nuclear (CN) pode ser considerado como possuindo um parâmetro de categorização único dado por $K^*=D^zC^y=D^0C^0$ e VE=14z+2+12y=14(0)+2+12(0)=2;

Assim, a camada nuclear não tem elementos esqueléticos, exceto os 2 electrões.

A nova tabela periódica, incluindo os números atómicos e esqueléticos, é apresentada no **Quadro 1** e a derivação de outro parâmetro útil (J) é dada a seguir.

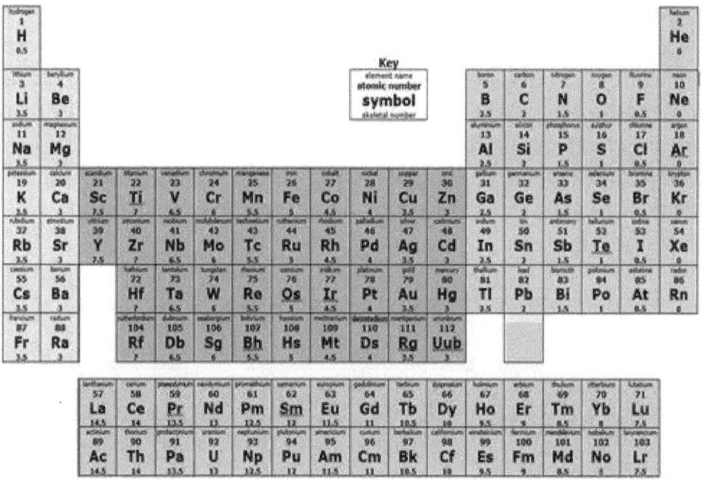

Tabela 1.

Devido à facilidade de utilização dos números esqueléticos, foi possível analisar e categorizar uma vasta gama de aglomerados químicos, incluindo boranos, metaloboranos, carbonilos metálicos, aglomerados dourados e aglomerados de iões Zintl. A partir da análise e do estudo da vasta gama de aglomerados químicos utilizando números esqueléticos, foi descoberta uma **LEI NATURAL FUNDAMENTAL** dos aglomerados químicos. Esta representada pela fórmula matemática $K^*=D^zC^y$ onde os elementos esqueléticos D^z obedecem à série 14n e os elementos esqueléticos C^y obedecem à série 12n e z+y= n(a soma dos elementos esqueléticos numa fórmula de aglomerado.

$K^*=D^zC^y$

z+y=n

K=2z-1+3y(K=o número de ligações esqueléticas numa fórmula de agregado)

VE=14z+2+12y(VE=o número de electrões de valência do agregado) VE=18n-2K

K=n+t(n=número de ligações primárias que ligam n elementos esqueléticos, t=as ligações secundárias do aglomerado).

K=2n+(t-n)

VE=4n-(t-n)(MG)

VE=14n-(t-n)(TM),

MG= elementos do grupo principal e TM= metais de transição.

Seleccionemos duas equações do conjunto acima.

VF=VE=14z+2+12y (1)

em que VF representa os electrões de valência do agregado tradicional para os metais de transição,

n= z+y (2)

em que n é a soma dos elementos do esqueleto.

Multiplicando a equação (2) por 12, obtém-se,

12n=12z+12y (3)

Subtraindo a equação (3) da equação (1), obtém-se

VF-12n=2z+2 (4)

A partir da equação (4), conhecendo VF e n, o índice de capeamento (z) pode ser facilmente calculado e, consequentemente, (y) a partir da equação (2).

Para facilitar as aplicações, a equação (4) pode ser rearranjada da seguinte forma:

J=VF-12n (5)

(parâmetro do índice gerador de J^)

z=J/2-1 (6)

CAPÍTULO I

O MODELO NUCLEAR

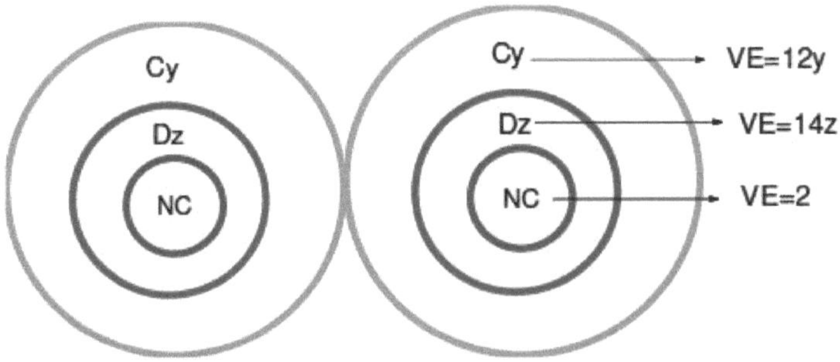

$VE=14z+2+12y(TM); z+y=n$

Figura 4.

Neste modelo, um aglomerado químico é composto por três conchas, nomeadamente, a CONCHA NUCLEAR (NC), a CONCHA D e a CONCHA C.

O invólucro D segue a série 14n, o que significa que cada elemento esquelético no invólucro D é acompanhado por 14 electrões ™, 28 electrões (L/A), 4 electrões (MG) e o invólucro C 12electrões ™, 26 electrões (L/A), e 2 electrões (MG).

MG=grupo principal, TM=metais de transição, L/A=lantanídeos/actnídeos

CAPÍTULO II

OS ELECTRÕES DE VALÊNCIA DO AGREGADO (VE)

Para metais de transição,

VE=14z+2+12y

Onde z = o número de elementos esqueléticos na camada D, e y é o número de elementos esqueléticos na camada C. Neste modelo, a camada nuclear não tem elementos esqueléticos, exceto os dois (2) electrões nucleares. O número total de elementos esqueléticos num aglomerado é dado por

APLICAÇÕES: EXEMPLOS

AP-1: F=$Fe_2(CO)_9$ n=2

VF=34

J=VF-12n=34-12(2)=10

z=J/2-1=10/2-1=5-1=4

$K^*=D^4C^{-2}$(z=4, y=-2)

Isto significa que o aglomerado pertence ao grupo de aglomerados D^4 (VE=14z+2=14(4)+2=58, metais de transição) mas com 2 elementos esqueléticos a menos com 2(12)=24 electrões. O grupo D^4 corresponde ao grupo F=$B_4H_4^{2-}$ (VE=18, elementos do grupo principal, forma tetraédrica, T_d).

Por conseguinte, se fornecermos 2 elementos esqueléticos e 24 electrões, atingirá o estatuto completo de D^4. Assim,

$Fe_2(CO)_9$+$Fe_2(CO)_{4-}$ >Fe.:(CO)-(n=4, VF=58)

J=VF-12n=58-12(4)=10

z=J/2-1=10/2-1=5-1=4

$K^*=D^zC^y=D^4C^0$

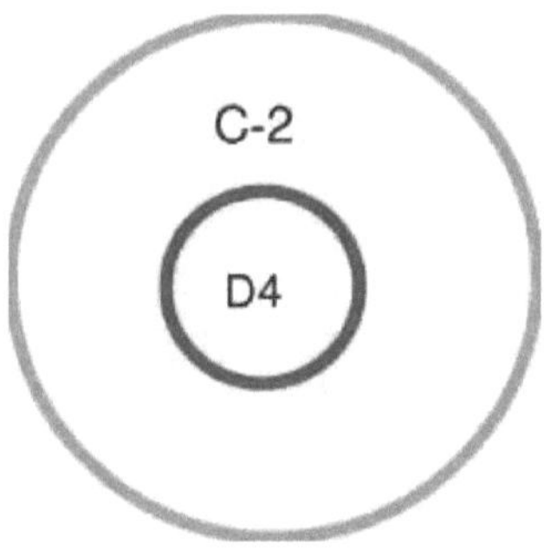

$Fe_2(CO)_9$

Figura 5.

K=2z-1+3y=2(4)-1+3(-2)=1

K(n)=1(2)

K=n+t=2-1(n=2, t=-1)

K=2n-3(t-n)

VE=4n+6

VE=14n+6=14(2)+6=34

VE=14z+2+12y=14(4)+2+12(-2)=34

VE=18n-2K=18(2)-2(1)=34

K(n)=1(2): Fe(k=5, VE=2k=10)

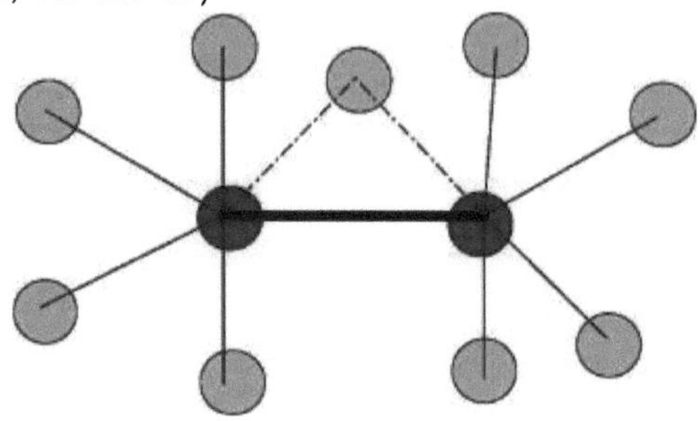

Figura 6.

AP-2: F=$Fe_3(CO)_{12}$ n=3

VF=48

J=VF-12n=48-12(3)=12

z=J/2-1=12/2-1=6-1=5

$K^*=D^5C^{-2}$(z=5, y=-2)

K=2z-1 +3y=2(5)-1 +3(-2)=3

K(n)=3(3)

K=n+t=3+0(n=3, t=0)

Isto significa que o aglomerado pertence ao grupo de aglomerados D^5 (VE=14z+2=14(5)+2=72, metais de transição), mas com falta de 2 elementos esqueléticos com 2(12)=24 electrões. O grupo D^5 corresponde ao grupo F=$B_5H_5^{2-}$ (VE=22, elementos do grupo principal, forma de bipirâmide trigonal, D_{3h}).

Prova:

$Fe_3(CO)_{12}$+ $Fe_2(CO)_4$=$Fe_5(CO)_{16}$(n=5, VF=72)

J=VF-12n=72-12(5)=12

z=J/2-1=12/2-1=6-1=5

$K^*=D^zC^y=D^5C^0$

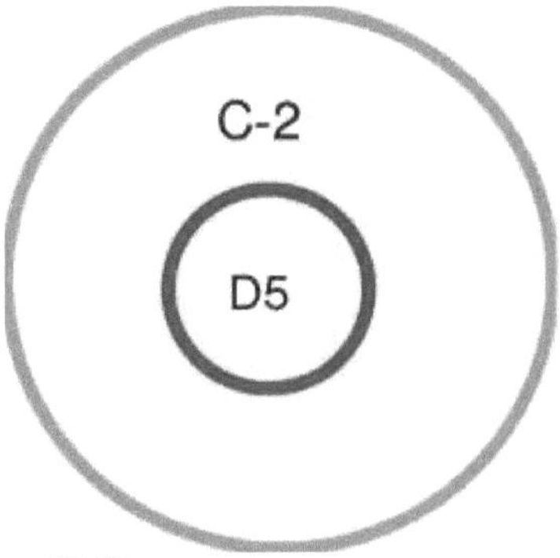

$Fe_3(CO)_{12}$

Figura 7.

K=2z-1+3y=2(5)-1+3(-2)=3

K(n)=3(3)

K=n+t=3+0(n=3, t=0)

K=2n-3(t-n)

VE=4n+6

VE=14n+6=14(3)+6=48

VE=14z+2+12y=14(5)+2+12(-2)=48

VE=18n-2K=18(3)-2(3)=48

K(n)=3(3); Fe:k=5, V=2k=2(5)=10

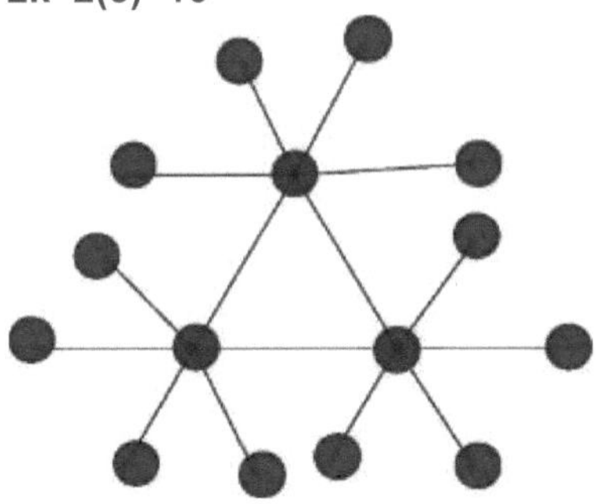

$Fe_3(CO)_{12}$

Figura 8.

AP-3: F=$Fe_4(CO)_{13}^{2-}$ n=4

VF=60

J=VF-12n=60-12(4)=12

z=J/2-1=12/2-1=6-1=5

$K^*=D^5C^{-1}$(z=5, y=-1)

Isto significa que o aglomerado pertence ao grupo D^5 (VE=14z+2=14(5)+2=72, metais de transição), mas com falta de 1 elemento esquelético com 1(12)=12 electrões. O grupo D^5 corresponde ao grupo $F=B_5H_5^{2-}$ (VE=22, elementos do grupo principal, forma de bipirâmide trigonal, D_{3h}).

Prova:

$Fe_4(CO)_{13}^{2-}$+ $Fe(CO)_2$= $Fe_5(CO)_{15}^{2-}$= $Fe_5(CO)_{16}$

De acordo com a teoria química dos clusters, (2-)=2H=CO.

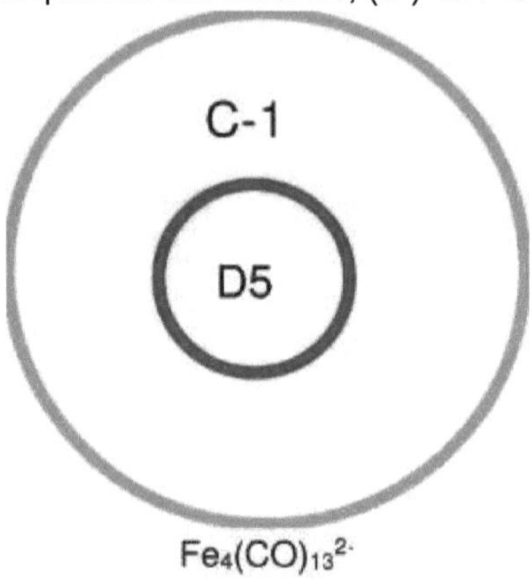

Figure 9.

K=2z-1+3y=2(5)-1+3(-1)=6
K(n)=6(4)
K=n+t=4+2(n=4, t=2)
K=2n-2(t-n)
VE=4n+4
VE=14n+4=14(4)+4=60
VE=14z+2+12y=14(5)+2+12(-1)=60
VE=18n-2K=18(4)-2(6)=60
K(n)=6(4)
K=n+t=4+2(n=4, t=2)

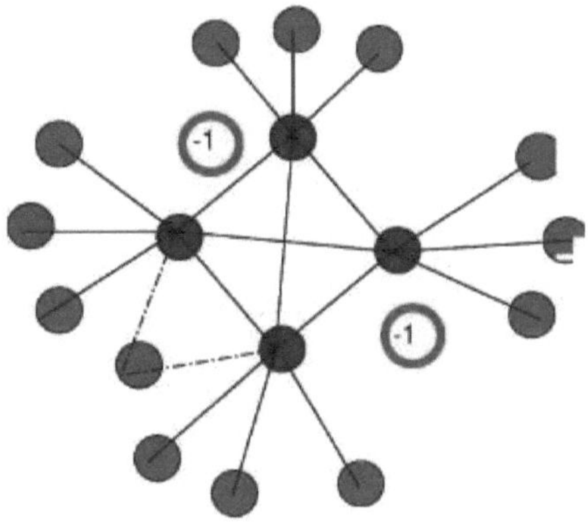

$Fe_4(CO)_{13}^{2-}$

Figura 10.

AP-4: $F{=}HFe_5(CO)_{14}^{3-}$ n=5
VF=72
J=VF-12n=72-12(5)=12
z=J/2-1=12/2-1=6-1=5
$K^*=D^5C^0$(z=5, y=0)
Isto significa que o aglomerado pertence ao grupo de aglomerados D^5 (VE=14z+2=14(5)+2=72, metais de transição). O grupo D^5 corresponde ao grupo $F{=}B_5H_5^{2-}$ (VE=22, elementos do grupo principal, forma de bipirâmide trigonal, D_{3h}).

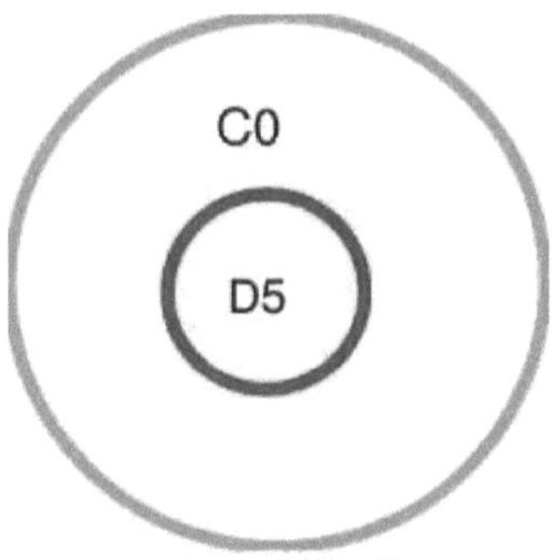

$HFe_5(CO)_{14}^{3-}$

K=2z-1+3y=2(5)-1+3(0)=9
Figura 11.

K(n)=9(5)
K=n+t=5+4(n=5, t=4)
K=2n-1(t-n)
VE=4n+2

VE=14n+2=14(5)+2=72
VE=14z+2+12y=14(5)+2+12(0)=72
VE=18n-2K=18(5)-2(9)=72
K(n)=9(5)
K=n+t=5+4(n=5, t=4)

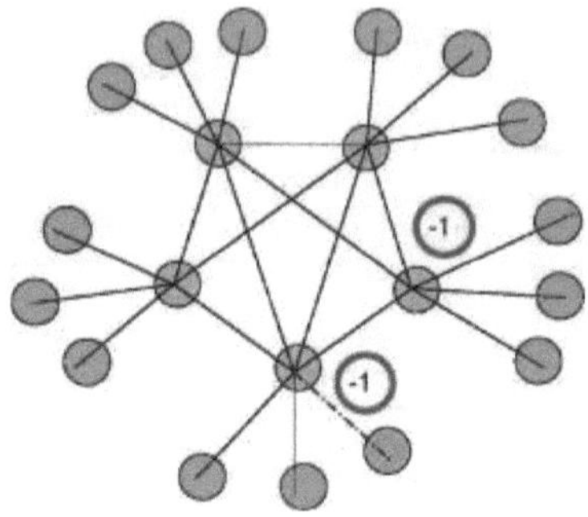

Figura 12.

AP-5: $F=Ru_6(CO)_{18}^{2-}$ n=6
VF=86
J=VF-12n=86-12(6)=14
z=J/2-1=14/2-1=7-1=6
$K^*=D^6C^0$(z=6, y=0)

Isto significa que o aglomerado pertence ao grupo de aglomerados D^6 (VE=14z+2=14(6)+2=86, metais de transição). O grupo D^6 corresponde ao grupo $F=B_6H_6^{2-}$ (VE=26, elementos do grupo principal, forma octaédrica, O_h).

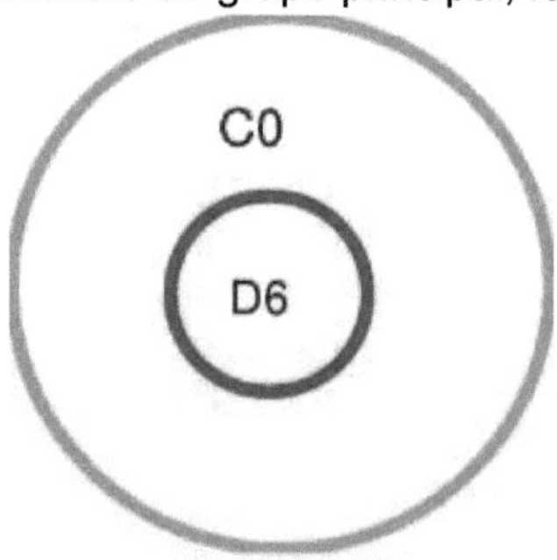

$Ru_6(CO)_{18}^{2-}$
Figure 13.

K=2z-1+3y=2(6)-1+3(0)=11
K(n)=11(6)
K=n+t=6+5(n=6, t=5)
K=2n-1(t-n)

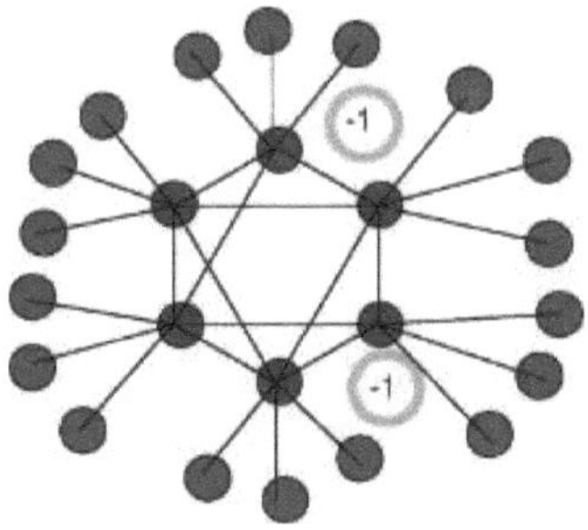

$Ru_6(CO)_{18}^{2-}$

Figura 14.

VE=4n+2

VE=14n+2=14(6)+2=86

VE=14z+2+12y=14(6)+2+12(0)=86

VE=18n-2K=18(6)-2(11)=86

AP-6: $F=HRu_7(CO)_{20}^{1-}$ n=7

VF=98

J=VF-12n=98-12(7)=14 z=J/2-1=14/2-1=7-1=6

$K^*=D^6C^1$(z=6, y=1)

Isto significa que o aglomerado pertence ao grupo de aglomerados D^6 (VE=14z+2=14(6)+2=86, metais de transição). O grupo D^6 corresponde ao grupo $F=B_6H_6^{2-}$ (VE=26, elementos do grupo principal, forma octaédrica, O_h). Além disso, o aglomerado tem um elemento esquelético de cobertura acompanhado por um conjunto de 12 electrões.

Prova:

$Ru_6(CO)_{19}$+ $Ru(CO)_2$=$Ru_7(CO)_{21}$(n=7, VF=98)

J=VF-12n=98-12(7)=14

z=J/2-1=14/2-1=7-1=6

$K^*=D^zC^y=D^6C^1$

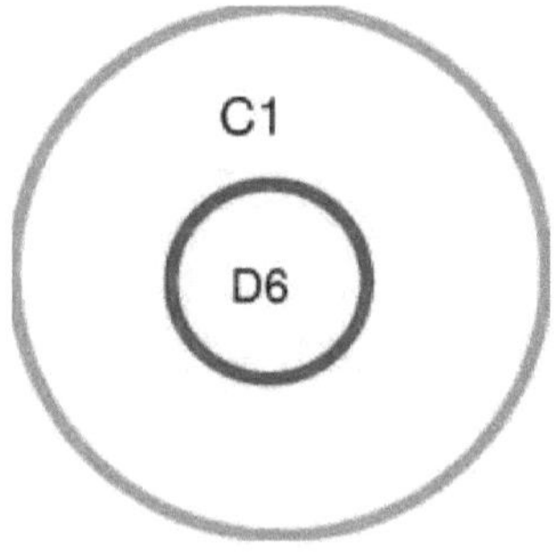

$HRu_7(CO)_{20}^{1-}$

Figura 15.

K=2z-1+3y=2(6)-1+3(1)=14
K(n)=14(7)
K=n+t=7+7(n=7, t=7)
K=2n+0(t-n)
VE=4n+0
VE=14n+0=14(7)+0=98
VE=14z+2+12y=14(6)+2+12(1)=98
VE=18n-2K=18(7)-2(14)=98
K=n+t=7+7(n=7, t=7)

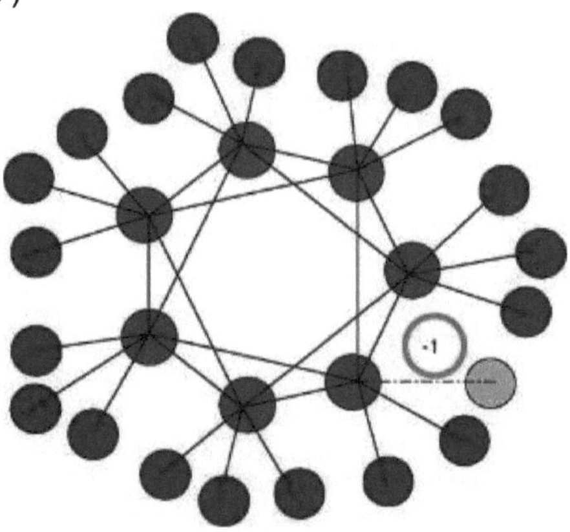

$HRu_7(CO)_{20}^{1-}$

Figura 16.

AP-7: $F=H_2Ru_8(CO)_{21}^{2-}$ n=8
VF=110
J=VF-12n=110-12(8)=14
z=J/2-1=14/2-1=7-1=6
$K^*=D^6C^2$(z=6, y=2)
Isto significa que o aglomerado pertence ao grupo de aglomerados D^6 (VE=14z+2=14(6)+2=86, metais de transição). O grupo D^6 corresponde ao grupo $F=B_6H_6^{2-}$ (VE=26, elementos do grupo principal, forma octaédrica, O_h). Além disso, o aglomerado tem 2 elementos esqueléticos de cobertura acompanhados de 2 conjuntos de 12 electrões.

Prova:

$Ru_6(CO)_{19}$+ $Ru_2(CO)_4$=$Ru_8(CO)_{23}$= $H_2Ru_8(CO)_{21}^{2-}$

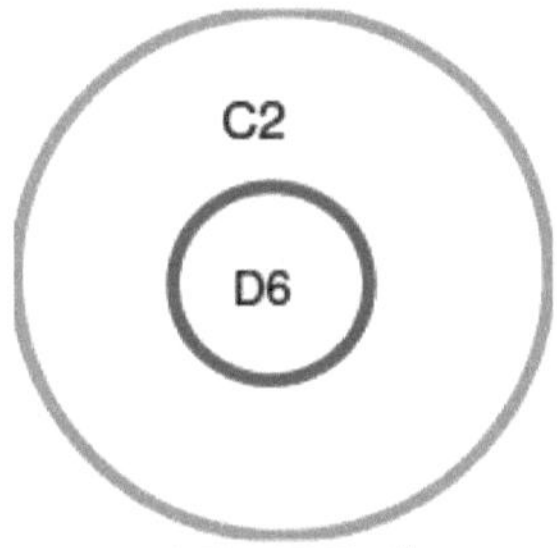

$H_2Ru_8(CO)_{21}{}^{2-}$

Figura 17.

K=2z-1+3y=2(6)-1+3(2)=17

K(n)=17(8)

K=n+t=8+9(n=8, t=9)

K=2n+1(t-n)

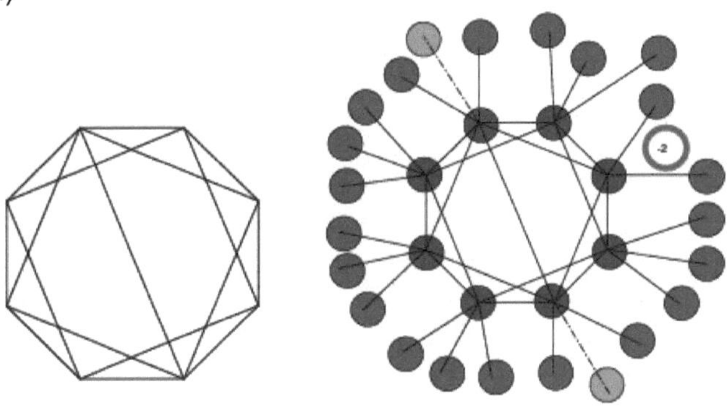

$H_2Ru_8(CO)_{21}{}^{2-}$

Figura 18.

VE=4n-2

VE=14n-2=14(8)-2=110

VE=14z+2+12y=14(6)+2+12(2)=110

VE=18n-2K=18(8)-2(17)=110

K(n)=17(8)

K=n+t=8+9(n=8, t=9)

AP-8: $F=Os_8(CO)_{23}$ n=8

VF=110

J=VF-12n=110-12(8)=14 z=J/2-1=14/2-1=7-1=6

$K^*=D^6C^2$(z=6, y=2)

Isto significa que o aglomerado pertence ao grupo de aglomerados D^6 (VE=14z+2=14(6)+2=86, metais de transição). O grupo D^6 corresponde ao grupo $F=B_6H_6{}^{2-}$ (VE=26, elementos do grupo principal, forma octaédrica, O_h). Além disso, o aglomerado tem 2 elementos esqueléticos de cobertura acompanhados de 2 conjuntos de 12 electrões.

Prova:

$Os_6(CO)_{19}+Os_2(CO)_4=Os_8(CO)_{23}$

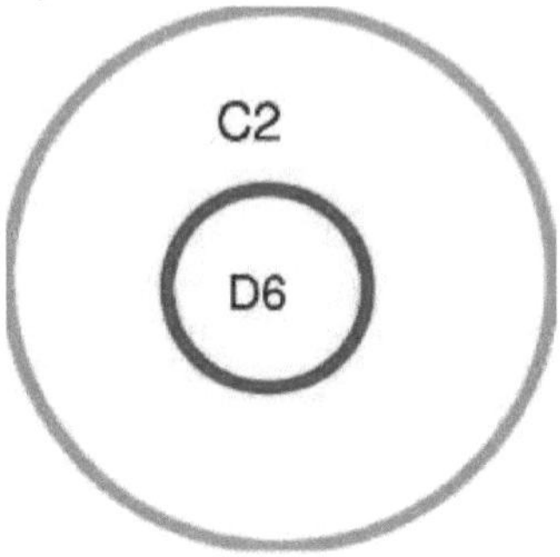

$Os_8(CO)_{23}$

Figure 19.

$K=2z-1+3y=2(6)-1+3(2)=17$

$K(n)=17(8)$

$K=n+t=8+9(n=8, t=9)$

$K=2n+1(t-n)$

$VE=4n-2$

$VE=14n-2=14(8)-2=110$

$VE=14z+2+12y=14(6)+2+12(2)=110$

$VE=18n-2K=18(8)-2(17)=110$

AP-9: $F=Os_9(CO)_{24}^{2-}$ $n=9$

$VF=122$

$J=VF-12n=122-12(9)=14$

$z=J/2-1=14/2-1=7-1=6$

$K^*=D^6C^3(z=6, y=3)$

Isto significa que o aglomerado pertence ao grupo de aglomerados D^6 ($VE=14z+2=14(6)+2=86$, metais de transição). O grupo D^6 corresponde ao grupo $F=B_6H_6^{2-}$ ($VE=26$, elementos do grupo principal, forma octaédrica, O_h). Além disso, o aglomerado tem 3 elementos esqueléticos de cobertura acompanhados de 3 conjuntos de 12 electrões.

Prova:

$Os_6(CO)_{19}+Os_3(CO)_6=Os_9(CO)_{25}=Os_9(CO)_{24}^{2-}$

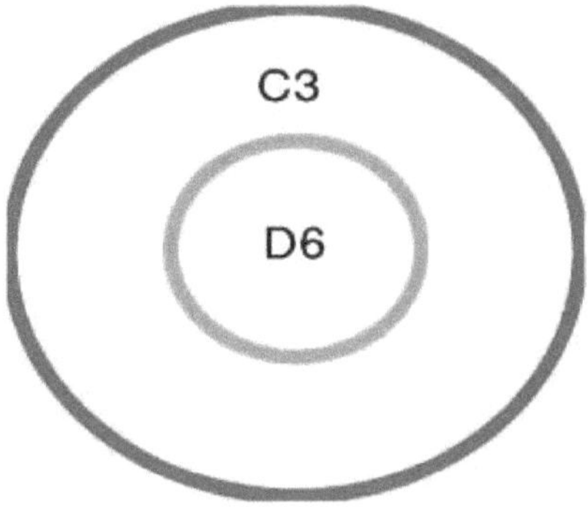

$Os_9(CO)_{24}^{2-}$

Figura 20.

K=2z-1+3y=2(6)-1+3(3)=20
K(n)=20(9)
K=n+t=9+11(n=9, t=11)
K=2n+2(t-n)
VE=4n-4
VE=14n-4=14(9)-4=122
VE=14z+2+12y=14(6)+2+12(3)=122
VE=18n-2K=18(9)-2(20)=122
K(n)=20(9)
K=n+t=9+11(n=9, t=11)

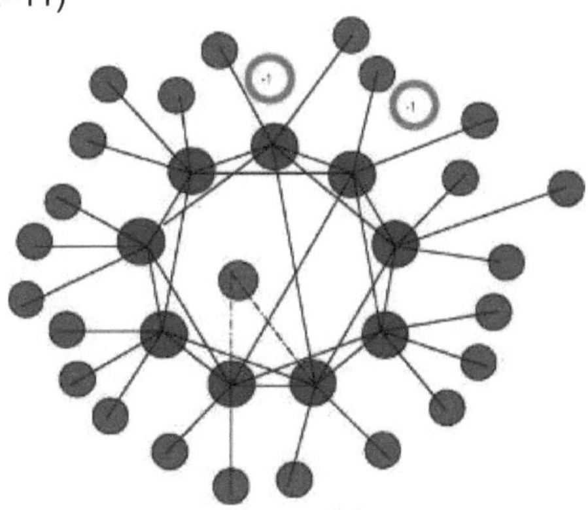

Figura 21.

AP-10: F=$Ir_3Ni_6(CO)_{17}^{3-}$ n=9
VF=124
J=VF-12n=124-12(9)=16
z=J/2-1=16/2-1=8-1=7
K*=D^7C^2(z=7, y=2)
Isto significa que o cluster pertence ao grupo de clusters D^7

(VE=14z+2=14(7)+2=100, metais de transição). O grupo D^7 corresponde ao grupo $F=B_7H_7^{2-}$ (VE=30, elementos do grupo principal, forma octaédrica, O_h com um elemento único alargado de 2 ligações). Além disso, o aglomerado tem 2 elementos esqueléticos de cobertura acompanhados de 2 conjuntos de 12 electrões.

D^7>S=14n+2; F=7[Ni(CO)2]+CO

7[Ni(CO)2]+CO +2[Ni(CO)] ^Ní9(CO)vE |^NÍ6 (CO)i73-

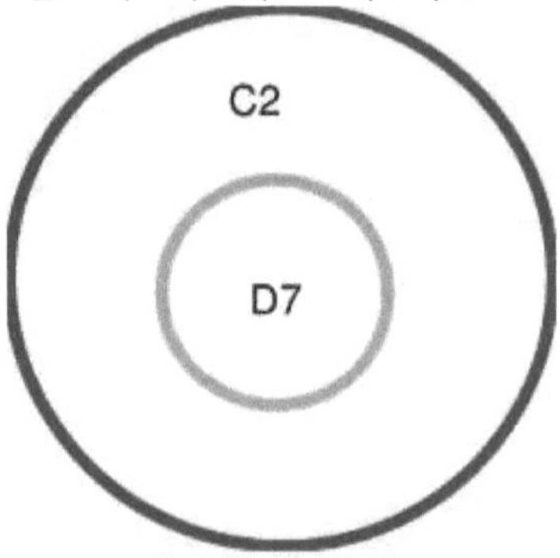

$Ir_3Ni_6(CO)_{17}^{3-}$

Figure 22.

K=2z-1+3y=2(7)-1+3(2)=19

K(n)=i9(9)

K=n+t=9+i0(n=9, t=i0)

K=2n+i(t-n)

VE=4n-2

VE=i4n-2=i4(9)-2=i24

VE=i4z+2+i2y=i4(7)+2+i2(2)=i24

VE=i8n-2K=i8(9)-2(i9)=i24

AP-ii: $F=H_2Ru_{i0}(CO)_{25}^{2-}$ n=i0

VF=i34

J=VF-i2n=i34-i2(i0)=i4 z=J/2-i=i4/2-i=7-i=6

$K^*=D^6C^4$(z=6, y=4)

Isto significa que o aglomerado pertence ao grupo de aglomerados D^6 (VE=i4z+2=i4(6)+2=86, metais de transição). O grupo D^6 corresponde ao grupo $F=B_6H_6^{2-}$ (VE=26, elementos do grupo principal, forma octaédrica, O_h). Além disso, o aglomerado tem 4 elementos esqueléticos de cobertura acompanhados de 4 conjuntos de electrões i2.

Prova:

$Ru_6(CO)_{19}$+ $Ru_4(CO)_8$=$Ru_{10}(CO)_{27}$= $H_2Ru_{10}(CO)_{25}^{2-}$

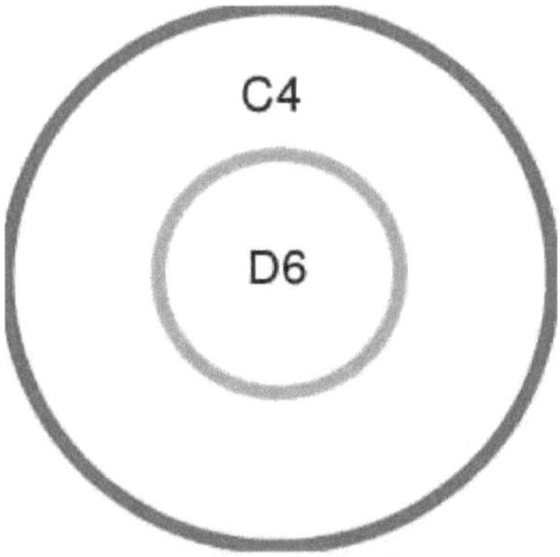

$H_2Ru_{10}(CO)_{25}^{2-}$

Figure 23.

K=2z-1+3y=2(6)-1+3(4)=23

K(n)=23(10)

K=n+t=10+13(n=10, t=13)

Ru:k=5,V=2k=10

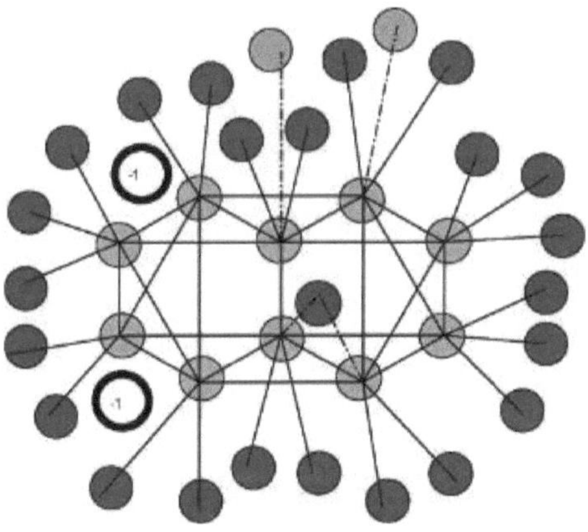

$H2Ru10(CO)_{25}^{2-}$

Figura 24.

K=2n+3(t-n)

VE=4n-6

VE=14n-6=14(10)-6=134

VE=14z+2+12y=14(6)+2+12(4)=134

VE=18n-2K=18(10)-2(23)=134

AP-12: F=Os6Pt4(CO)22L2

n=10

VF=136

J=VF-12n=136-12(10)=16

$z=J/2-1=16/2-1=8-1=7$

$K^{*}=D^{7}C^{3}(z=7, y=3)$

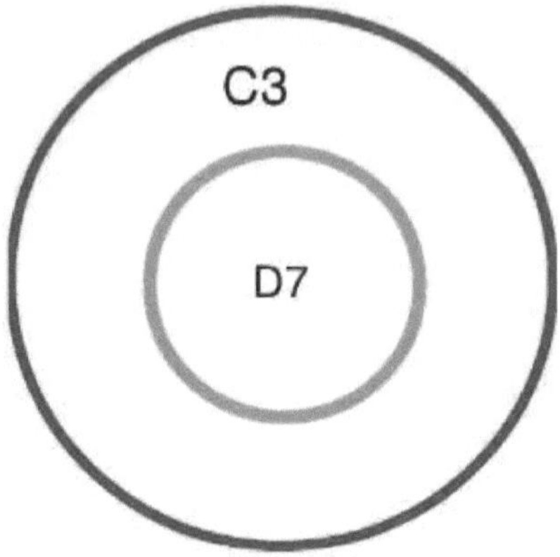

$Os_6Pt_4(CO)_{22}L_2$

Figure 25.

$K=2z-1+3y=2(7)-1+3(3)=22$

$K(n)=22(10)$

$K=n+t=10+12(n=10, t=12)$

$K=2n+2(t-n)$

$VE=4n-4$

$VE=14n-4=14(10)-4=136$

$VE=14z+2+12y=14(7)+2+12(3)=136$

$VE=18n-2K=18(10)-2(22)=136$

AP-13: $F=Os_{10}(CO)_{26}^{2-}$ $n=10$

$VF=134$

$J=VF-12n=134-12(10)=14$ $z=J/2-1=14/2-1=7-1=6$

$K^{*}=D^{6}C^{4}(z=6, y=4)$

Isto significa que o aglomerado pertence ao grupo de aglomerados D^6 ($VE=14z+2=14(6)+2=86$, metais de transição). O grupo D^6 corresponde ao grupo $F=B_6H_6^{2-}$ ($VE=26$, elementos do grupo principal, forma octaédrica, O_h). Além disso, o aglomerado tem 4 elementos esqueléticos de cobertura acompanhados de 4 conjuntos de 12 electrões.

Prova:

$Os_6(CO)_{19}+ Os_4(CO)_8=Os_{10}(CO)_{27}= Os_{10}(CO)_{26}^{2-}$

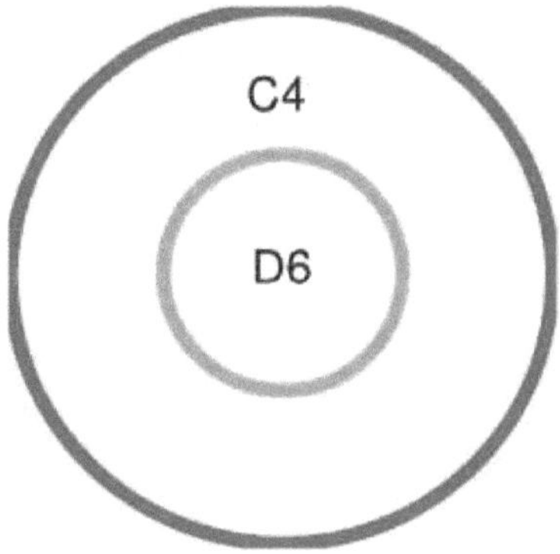

$Os_{10}(CO)_{26}^{2-}$

Figura 26.

K=2z-1+3y=2(6)-1+3(4)=23

K(n)=23(10)

K=n+t=10+13(n=10, t=13)

K=2n+3(t-n)

VE=4n-6

VE=14n-6=14(10)-6=134

VE=14z+2+12y=14(6)+2+12(4)=134

VE=18n-2K=18(10)-2(23)=134

AP-14: $F=Ni_6(C)(CO)_9(AuL)_4$ n=10

VF=134

J=VF-12n=134-12(10)=14 z=J/2-1=14/2-1=7-1=6

$K^*=D^6C^4$(z=6, y=4)

Isto significa que o aglomerado pertence ao grupo de aglomerados D^6 (VE=14z+2=14(6)+2=86, metais de transição). O grupo D^6 corresponde ao grupo $F=B_6H_6^{2-}$ (VE=26, elementos do grupo principal, forma octaédrica, O_h). Além disso, o aglomerado tem 4 elementos esqueléticos de cobertura acompanhados de 4 conjuntos de 12 electrões.

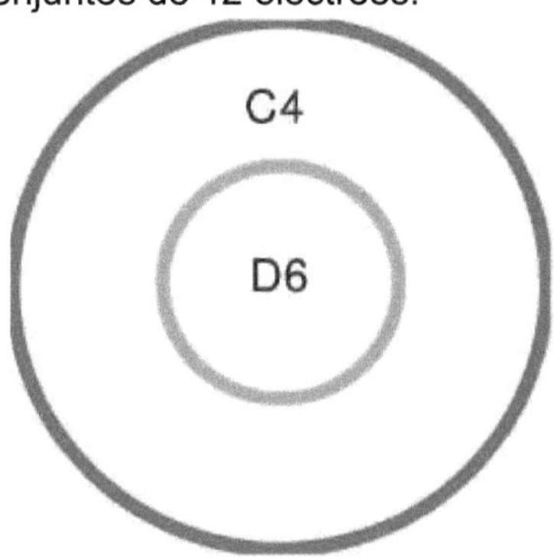

$Ni_6(C)(CO)_9(AuL)_4$
Figura 27.

K=2z-1+3y=2(6)-1+3(4)=23
K(n)=23(10)
K=n+t=10+13(n=10, t=13)
K=2n+3(t-n)
VE=4n-6
VE=14n-6=14(10)-6=134
VE=14z+2+12y=14(6)+2+12(4)=134
VE=18n-2K=18(10)-2(23)=134
D6 >S=14n+2=$[Ni(CO)_2]$(n=6)+CO
$[Ni(CO)_2]$(n=6)+CO +4[Ni(CO)] >$Ni_{10}(CO)_{1}$/ E$Ni_6(C)(CO)_9(AuL)_4$
AP-15: F=$HRu_{11}(CO)_{27}^{3-}$ n=11
VF=146
J=VF-12n=146-12(11)=14 z=J/2-1=14/2-1=7-1=6
K*=D^6C^5(z=6, y=6)
Isto significa que o aglomerado pertence ao grupo de aglomerados D^6 (VE=14z+2=14(6)+2=86, metais de transição). O grupo D^6 corresponde ao grupo F=$B_6H_6^{2-}$ (VE=26, elementos do grupo principal, forma octaédrica, O_h). Além disso, o aglomerado tem 5 elementos esqueléticos de cobertura acompanhados de 5 conjuntos de 12 electrões.
Prova:
$Ru_6(CO)_{19}$+ $Ru_5(CO)_{10}$=$Ru_{11}(CO)_{29}$= $HRu_{11}(CO)_{27}^{3-}$

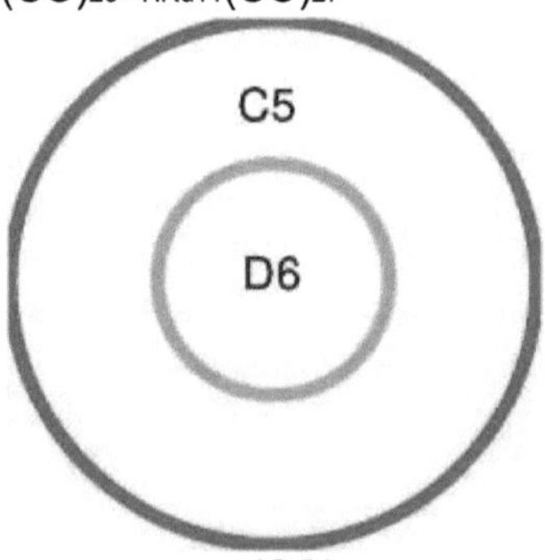

$HRu_{11}(CO)_{27}^{3-}$
Figura 28.

K=2z-1+3y=2(6)-1+3(5)=26
K(n)=26(11)
K=n+t=11+15(n=11, t=15)
K=2n+4(t-n)
VE=4n-8

VE=14n-8=14(11)-8=146

VE=14z+2+12y=14(6)+2+12(5)=146

VE=18n-2K=18(11)-2(26)=146

AP-16: F=$Ni_6Rh_5(CO)_{21}^{3-}$ n=11

VF=150

J=VF-12n=150-12(11)=18 z=J/2-1=18/2-1=9-1=8

$K^*=D^8C^3$(z=8, y=3)

Isto significa que o cluster pertence ao grupo de clusters D^8 (VE=14z+2=14(8)+2=114, metais de transição). O grupo D^8 corresponde ao grupo F=$B_8H_8^{2-}$ (VE=34, elementos do grupo principal, forma octaédrica, O_h com dois elementos esqueléticos alargados). Além disso, o aglomerado tem 3 elementos esqueléticos de cobertura acompanhados de 3 conjuntos de 12 electrões.

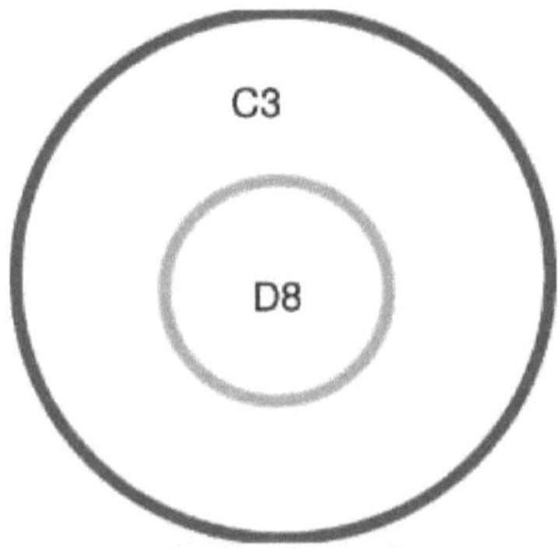

$Ni_6Rh_5(CO)_{21}^{3-}$

Figure 29.

K=2z-1+3y=2(8)-1+3(3)=24

K(n)=24(11)

K=n+t=11+13(n=11, t=13)

K=2n+2(t-n)

VE=4n-4

VE=14n-4=14(11)- 4=150

VE=14z+2+12y=14(8)+2+12(3)=150

VE=18n-2K=18(11)-2(24)=150

D8 >S=14n+2=[RhH(CO)2](n=8)+CO

$[RhH(CO)_2]$(n=8)+CO+3[RhH(CO)]=$Rh_{ii}(CO)_{25.5}$^ $Ni_6Rh_5(CO)_{2i}^{3-}$

AP-17: F=$Os_{12}(CO)_{30}$ n=12

VF=156

J=VF-12n=156-12(12)=12 z=J/2-1=12/2-1=6-1=5

$K^*=D^5C^7$(z=5, y=7)

Isto significa que o aglomerado pertence ao grupo de aglomerados D^5 (VE=14z+2=14(5)+2=72, metais de transição). O grupo D^5 corresponde ao grupo $F=B_5H_5^{2-}$ (VE=22, elementos do grupo principal, forma de bipirâmide trigonal, D_{3h}). Além disso, o aglomerado tem 7 elementos esqueléticos de cobertura acompanhados de 7 conjuntos de 12 electrões.

Prova:

$Os_5(CO)_{16} + Os_7(CO)_{14} = Os_{12}(CO)_{30}$

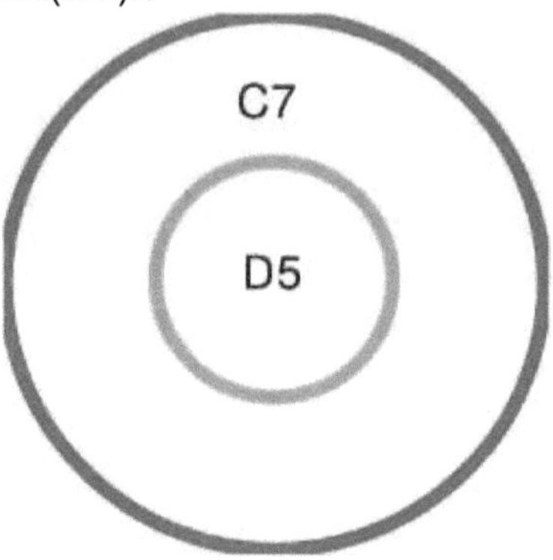

$Os_{12}(CO)_{30}$

Figura 30.

K=2z-1+3y=2(5)-1+3(7)=30
K(n)=30(12)
K=n+t=12+18(n=12, t=18)
K=2n+6(t-n)
VE=4n-12
VE=14n-12=14(12)-12=156
VE=14z+2+12y=14(5)+2+12(7)=156
VE=18n-2K=18(12)-2(30)=156
AP-18: $F=Ir_{12}(CO)_{26}^{2-}$ n=12
VF=162
J=VF-12n=162-12(12)=18
z=J/2-1=18/2-1=9-1=8

$K^*=D^8C^4$(z=8, y=4)

Isto significa que o aglomerado pertence ao grupo de aglomerados D^8 (VE=14z+2=14(8)+2=114, metais de transição). O grupo D^8 corresponde ao grupo $F=B_8H_8^{2-}$ (VE=34, elementos do grupo principal, forma octaédrica, O_h com dois elementos esqueléticos alargados). Além disso, o aglomerado tem 4 elementos esqueléticos de cobertura acompanhados de 4 conjuntos de 12 electrões.

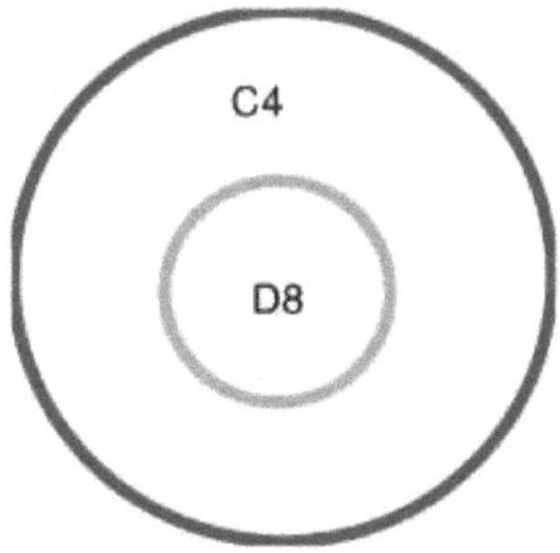

$Ir_{12}(CO)_{26}^{2-}$

Figura 31.

K=2z-1+3y=2(8)-1+3(4)=27
K(n)=27(12)
K=n+t=12+15(n=12, t=15)
K=2n+3(t-n)
VE=4n-6
VE=14n-6=14(12)-6=162
VE=14z+2+12y=14(8)+2+12(4)=162
VE=18n-2K=18(12)-2(27)=162
D_8 -S=14n+2(n=8)=8[IrH(CO)$_2$]+CO
D^8C^4->8[IrH(CO)$_2$...]+CO+4[IrH(CO)]
$=Ir_{12}(CO)_{21}H_{12}=Ir_{12}(CO)27=Ir_{12}(CO)_{26}^{2-}$
AP-19: $F=Rh_{14}(CO)_{26}^{2-}$ n=14
VF=180
J=VF-12n=180-12(14)=12 z=J/2-1=12/2-1=6-1=5
$K^*=D^5C^9$(z=5, y=9)
Isto significa que o aglomerado pertence ao grupo de aglomerados D^5 (VE=14z+2=14(5)+2=72, metais de transição). O grupo D^5 corresponde ao grupo $F=B_5H_5^{2-}$ (VE=22, elementos do grupo principal, forma de bipirâmide trigonal, D_{3h}). Além disso, o aglomerado tem 9 elementos esqueléticos de cobertura acompanhados de 9 conjuntos de 12 electrões.

Prova:

$F=Os_5$(CO)16=5[RhH(CO)$_2$]+CO
5[RhH(CO)$_2$]+CO+9RhH(CO)$=Rh_{14}(CO)_{20}(H)_{14}$
$=Rh_{14}(CO)_{20}(CO)_7=Rh_{14}(CO)27=Rh_{14}(CO)_{26}^{2-}$

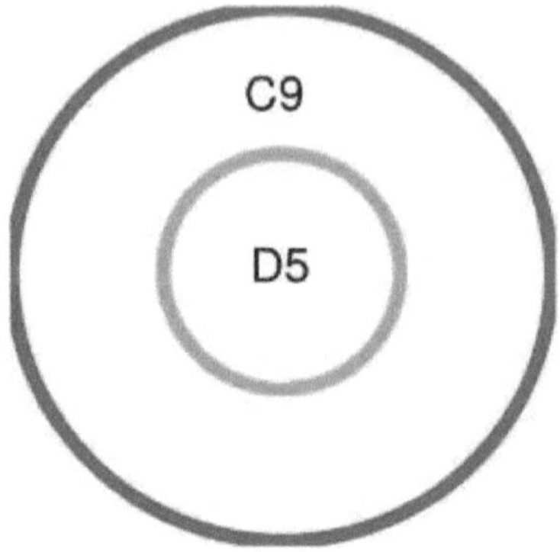

$Rh_{14}(CO)_{26}^{2-}$
Figura 32.

K=2z-1+3y=2(5)-1+3(9)=36
K(n)=36(14)
K=n+t=14+22(n=14, t=22)
K=2n+8(t-n)
VE=4n-16
VE=14n-16=14(14)-16=180
VE=14z+2+12y=14(5)+2+12(9)=180
VE=18n-2K=18(14)-2(36)=180
AP-20: $F=Ni_2Rh_{12}(CO)_{25}^{4-}$ n=14
VF=182
J=VF-12n=182-12(14)=14
z=J/2-1=14/2-1=7-1=6
$K^*=D^6C^8$(z=6, y=8)

Isto significa que o aglomerado pertence ao grupo de aglomerados D^6 (VE=14z+2=14(6)+2=86, metais de transição). O grupo D^6 corresponde ao grupo $F=B_6H_6^{2-}$ (VE=26, elementos do grupo principal, forma octaédrica, O_h). Além disso, o aglomerado tem 8 elementos esqueléticos de cobertura acompanhados de 8 conjuntos de 12 electrões.

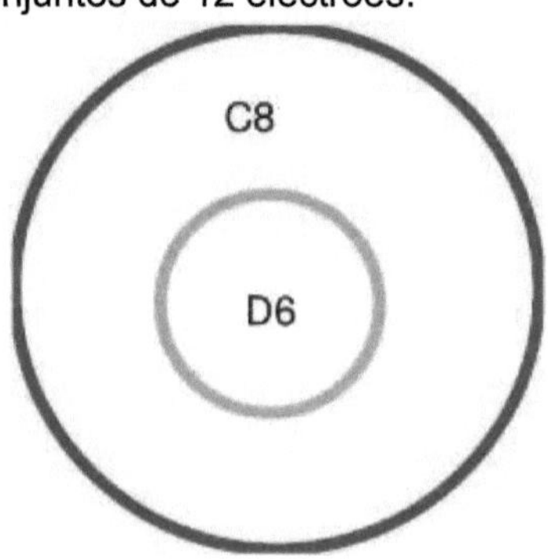

$Ni2Rh12(CO)_{25}^{4-}$

Figura 33.

K=2z-1+3y=2(6)-1+3(8)=35

K(n)=35(14)

K=n+t=14+21(n=14, t=21)

K=2n+7(t-n)

VE=4n-14

VE=14n-14=14(14)-14=182

VE=14z+2+12y=14(6)+2+12(8)=182

VE=18n-2K=18(14)-2(35)=182

AP-21: F=$Ni_6(C)(CO)_8(AuL)_8^{2-}$ n=14

VF=186

J=VF-12n=186-12(14)=18

z=J/2-1=18/2-1=9-1=8

K*=D^8C^6(z=8, y=6)

Isto significa que o aglomerado pertence ao grupo de aglomerados D^8 (VE=14z+2=14(8)+2=114, metais de transição). O grupo D^8 corresponde ao grupo F=$B_8H_8^{2-}$ (VE=34, elementos do grupo principal, forma octaédrica, Oh com dois elementos esqueléticos alargados). Além disso, o aglomerado tem 6 elementos esqueléticos de cobertura acompanhados de 6 conjuntos de 12 electrões.

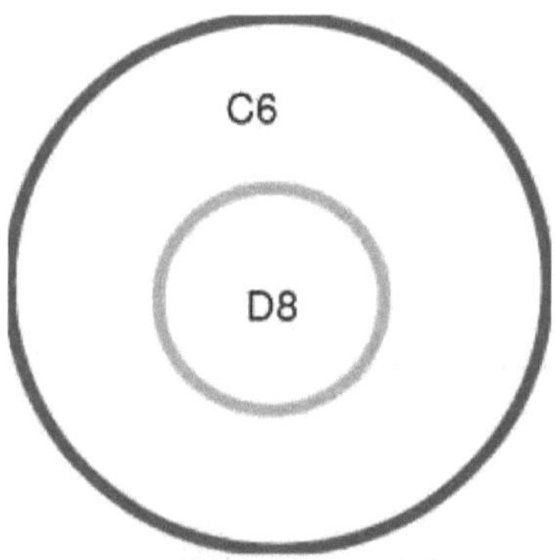

$Ni_6(C)(CO)_8(AuL)_8^{2-}$

Figure 34.

K=2z-1+3y=2(8)-1+3(6)=33

K(n)=33(14)

K=n+t=14+19(n=14, t=19)

K=2n+5(t-n)

VE=4n-10

VE=14n-10=14(14)-10=186

VE=14z+2+12y=14(8)+2+12(6)=186

VE=18n-2K=18(14)-2(33)=186

$K^*=D^{12}C^3$(z=12, y=3)

Isto significa que o cluster pertence ao grupo de clusters D^{12} (VE=14z+2=14(12)+2=170, metais de transição). O grupo D^{12} corresponde ao grupo $F=B_{12}H_{12}^{2-}$ (VE=50, elementos do grupo principal, forma octaédrica, O_h com 6 elementos esqueléticos alargados). Além disso, o aglomerado tem 3 elementos esqueléticos de cobertura acompanhados de 3 conjuntos de 12 electrões.

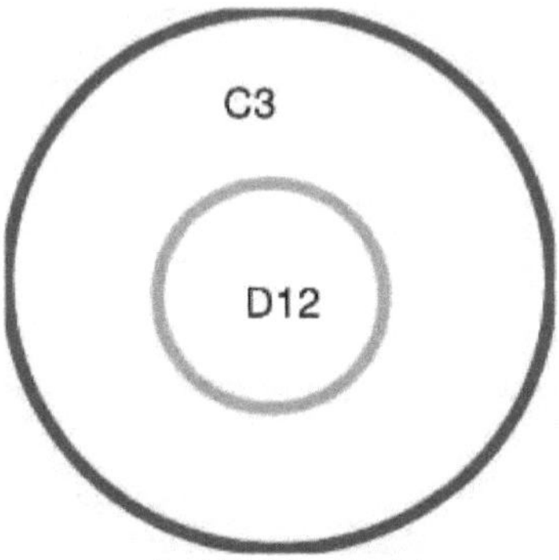

$Ni_{12}(C_3)(CO)_{17}(AuL)_3^{1-}$

Figura 35.

K=2z-1+3y=2(12)-1+3(3)=32

K(n)=32(15)

K=n+t=15+17(n=15, t=17)

K=2n+2(t-n)

VE=4n-4

VE=14n-4=14(15)-4=206

VE=14z+2+12y=14(12)+2+12(3)=206

VE=18n-2K=18(15)-2(32)=206

AP-23: $F=Pt_{15}(CO)_{30}^{2-}$ n=15

VF=212

J=VF-12n=212-12(15)=32

z=J/2-1=32/2-1=16-1=15

$K^*=D^{15}C^0$(z=15, y=0)

Isto significa que o aglomerado pertence ao grupo de aglomerados D^{15} (VE=14z+2=14(15)+2=212, metais de transição). O grupo D^{15} corresponde ao grupo $F=B_{15}H_5^{2-}$ (VE=62, elementos do grupo principal). Além disso, o grupo não tem elementos esqueléticos de cobertura.

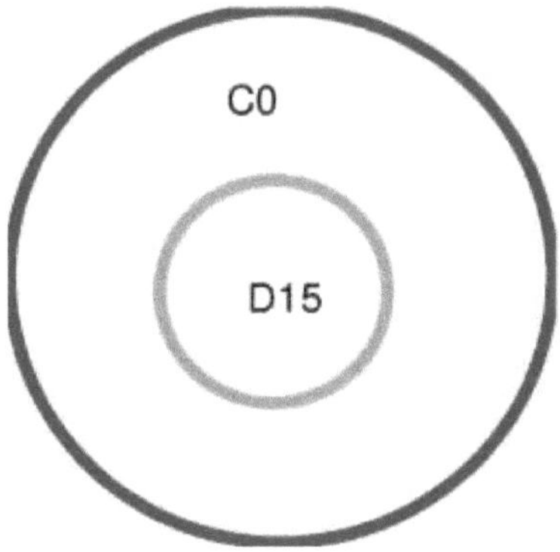

Figura 36.

AP-24: $F=Pt_{15}(CO)_{30}^{2-}$ K=2z-1+3y=2(15)-1+3(0)=29 K(n)=29(15)

K=n+t=15+14(n=15, t=14)

K=2n-1(t-n)

VE=4n+2

VE=14n+2=14(15)+2=212

VE=14z+2+12y=14(15)+2+12(0)=212

VE=18n-2K=18(15)-2(29)=212

AP-25: $F=Ru_8H_2Cu_7Cl_3(CO)_{24}^{2-}$ n=15

VF=196

J=VF-12n=196-12(15)=16 z=J/2-1=16/2-1=8-1=7

$K^*=D^7C^8$(z=7, y=8)

Isto significa que o cluster pertence ao grupo de clusters D^7 (VE=14z+2=14(7)+2=100, metais de transição). O grupo D^7 corresponde ao grupo $F=B_7H_7^{2-}$ (VE=30, elementos do grupo principal, forma octaédrica, O_h com um elemento único alargado de 2 ligações). Além disso, o aglomerado tem 8 elementos esqueléticos de cobertura acompanhados de 8 conjuntos de 12 electrões.

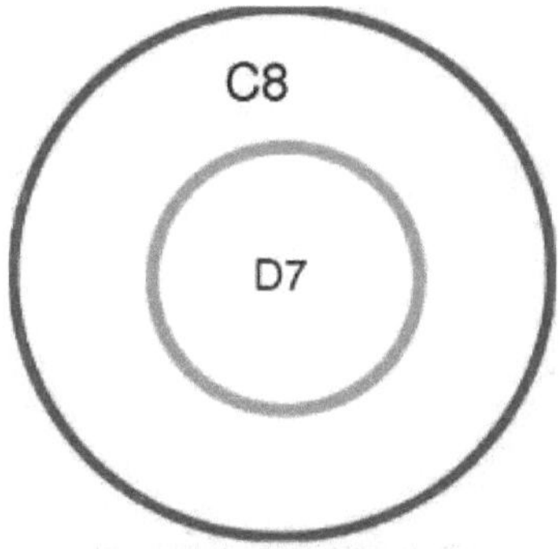

$Ru_8H_2Cu_7Cl_3(CO)_{24}^{2-}$

Figure 37.

K=2z-1+3y=2(7)-1+3(8)=37

K(n)=37(15)

K=n+t=15+22(n=15, t=22)

K=2n+7(t-n)

VE=4n-14

VE=14n-14=14(15)-14=196

VE=14z+2+12y=14(7)+2+12(8)=196

VE=18n-2K=18(15)-2(37)=196

AP-26: $F=Rh_{15}(CO)_{30}^{3-}$ n=15

VF=198

J=VF-12n=198-12(15)=18 z=J/2-1=18/2-1=9-1=8

$K^*=D^8C^7$(z=8, y=7)

Isto significa que o cluster pertence ao grupo de clusters D^8 (VE=14z+2=14(8)+2=114, metais de transição). O grupo D^8 corresponde ao grupo $F=B_8H_8^{2-}$ (VE=34, elementos do grupo principal). Além disso, o aglomerado tem 7 elementos esqueléticos de cobertura acompanhados de 7 conjuntos de 12 electrões.

$F=14n+2(n=8)=8[RhH(CO)_2]+CO+7[RhH(CO)]=Rh_{15}(CO)_{24}(H)15=$
$Rh_{15}(CO)_{24}(CO)_6^{3-}=Rh_{15}(CO)_{30}^{3-}$

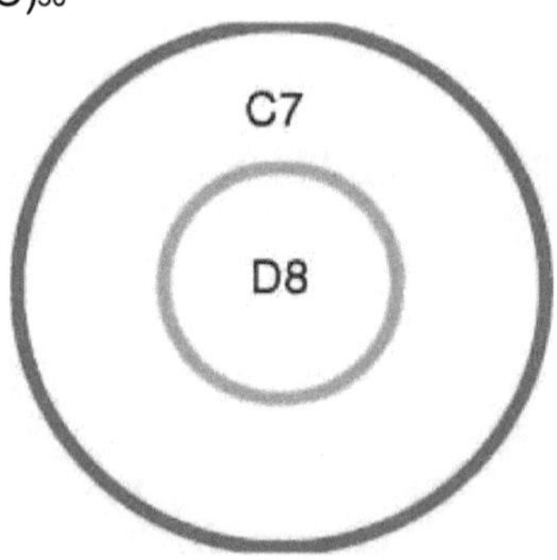

$Rh_{15}(CO)_{30}^{3-}$

Figura 38.

K=2z-1+3y=2(8)-1+3(7)=36

K(n)=36(15)

K=n+t=15+21(n=15, t=21)

K=2n+6(t-n)

VE=4n-12

VE=14n-12=14(15)-12=198

VE=14z+2+12y=14(8)+2+12(7)=198

AP-27: $F=Rh_{15}(CO)_{27}^{3-}$ n=15

VF=192

J=VF-12n=192-12(15)=12 z=J/2-1=12/2-1=6-1=5

$K^*=D^5C^{10}$(z=5, y=10)

Isto significa que o aglomerado pertence ao grupo de aglomerados D^5 (VE=14z+2=14(5)+2=72, metais de transição). O grupo D^5 corresponde ao grupo $F=B_5H_5^{2-}$ (VE=22, elementos do grupo principal, forma de bipirâmide trigonal, D_{3h}). Além disso, o aglomerado tem 10 elementos esqueléticos de cobertura acompanhados de 10 conjuntos de 12 electrões.

Prova:

F=14n+2(n=5)=5[RhH(CO)2]+CO

$5[RhH(CO)_2]+CO+10[RhH(CO)]=Rh_{15}(CO)_{21}(H)_{15}=Rh_{15}(CO)_{27}^{3-}$

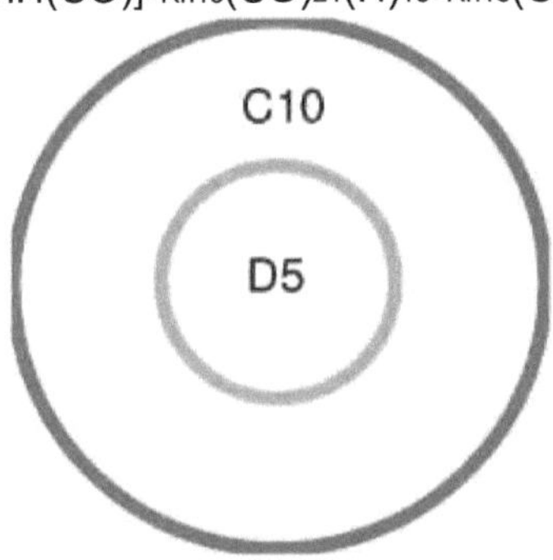

$Rh_{15}(CO)_{27}^{3-}$

Figura 39.

K=2z-1+3y=2(5)-1+3(10)=39

K(n)=39(15)

K=n+t=15+24(n=15, t=24)

K=2n+9(t-n)

VE=4n-18

VE=14n-18=14(15)-18=192

VE=14z+2+12y=14(5)+2+12(10)=192

VE=18n-2K=18(15)-2(39)=192

AP-28: F= $Pt_{15}(CO)_{19}^{4-}$ n=15

VF=192

J=VF-12n=192-12(15)=12 z=J/2-1=12/2-1=6-1=5

$K^*=D^5C^{10}$(z=5, y=10)

Isto significa que o aglomerado pertence ao grupo de aglomerados D^5 (VE=14z+2=14(5)+2=72, metais de transição). O grupo D^5 corresponde ao grupo $F=B_5H_5^{2-}$ (VE=22, elementos do grupo principal, forma de bipirâmide trigonal, D_{3h}). Além disso, o aglomerado tem 10 elementos esqueléticos de cobertura acompanhados de 10 conjuntos de 12 electrões.

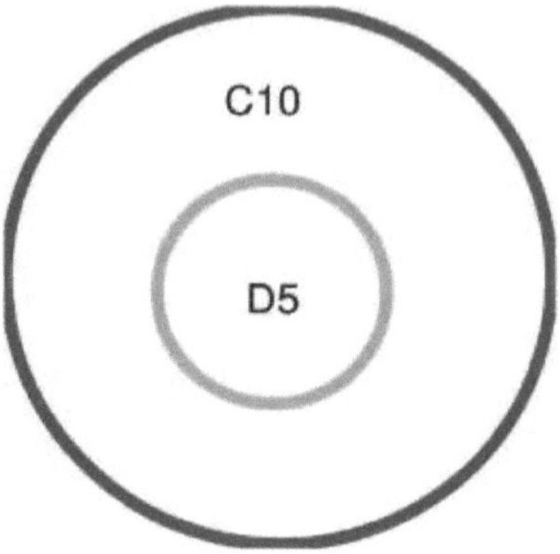

$Pt_{15}(CO)_{19}^{4-}$

Figura 40.

K=2z-1+3y=2(5)-1+3(10)=39
K(n)=39(15)
K=n+t=15+24(n=15, t=24)
K=2n+9(t-n)
VE=4n-18
VE=14n-18=14(15)-18=192
VE=14z+2+12y=14(5)+2+12(10)=192
AP-29: $F=Pt_{15}(CO)_{22}^{4-}$ n=15
VF=198
J=VF-12n=198-12(15)=18
z=J/2-1=18/2-1=9-1=8
$K^*=D^8C^7$(z=8, y=7)

Isto significa que o cluster pertence ao grupo de clusters D^8 (VE=14z+2=14(8)+2=114, metais de transição). O grupo D^8 corresponde ao grupo $F=B_8H_8^{2-}$ (VE=34, elementos do grupo principal). Além disso, o aglomerado tem 7 elementos esqueléticos de cobertura acompanhados de 7 conjuntos de 12 electrões.

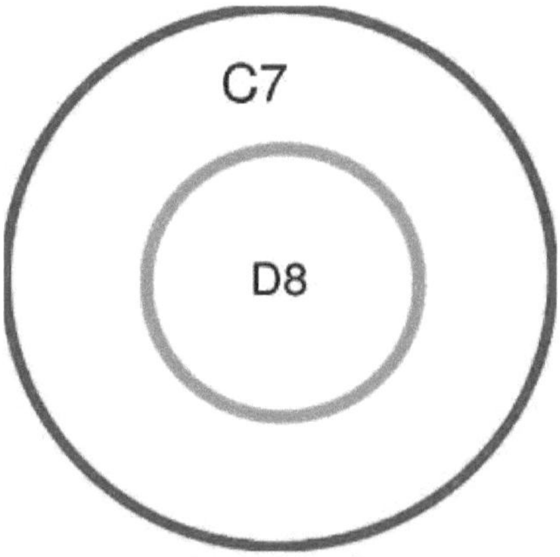

$Pt_{15}(CO)_{22}{}^{4-}$

Figure 41.

K=2z-1+3y=2(8)-1+3(7)=36

K(n)=36(15)

K=n+t=15+21(n=15, t=21)

K=2n+6(t-n)

VE=4n-12

VE=14n-12=14(15)-12=198

VE=14z+2+12y=14(8)+2+12(7)=198

VE=18n-2K=18(15)-2(36)=198

AP-30: F= $Os_{17}(CO)_{36}{}^{2-}$ n=17

VF=210

J=VF-12n=210-12(17)=6

z=J/2-1=6/2-1=3-1=2

$K^*=D^2C^{15}$(z=2, y=15)

Isto significa que o aglomerado pertence ao grupo D^2 (VE=14z+2=14(2)+2=30, metais de transição). O grupo D^2 corresponde ao grupo $F=B_2H_2{}^{2-}$ (VE=10, elementos do grupo principal). Além disso, o grupo tem 15 elementos esqueléticos de cobertura acompanhados de 15 conjuntos de 12 electrões.

Prova:

F=14n+2(n=2)=2[Os(CO)3]+CO

$2[Os(CO)_3]+CO+15[Os(CO)_2]=Os_{17}(CO)37= Os_{17}(CO)_{36}{}^{2-}$

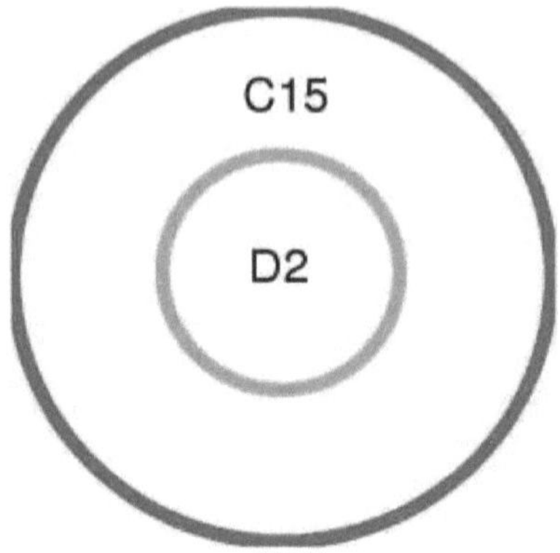

$Os_{17}(CO)_{36}^{2-}$

Figura 42.

K=2z-1+3y=2(2)-1+3(15)=48
K(n)=48(17)
K=n+t=17+31(n=17, t=31)
K=2n+14(t-n)
VE=4n-28
VE=14n-28=14(17)-28=210
VE=14z+2+12y=14(2)+2+12(15)=210
VE=18n-2K=18(17)-2(48)=210
AP-31:F= $Rh_{17}(CO)_{37}^{3-}$ n=17
VF=230
J=VF-12n=230-12(17)=26
z=J/2-1=26/2-1=13-1=12
$K^{*}=D^{12}C^{5}$(z=12, y=5)

Isto significa que o cluster pertence ao grupo de clusters D^{12} (VE=14z+2=14(12)+2=170, metais de transição). O grupo D^{12} corresponde a $F=B_{12}H_{12}^{2-}$ (VE=50, elementos do grupo principal). Além disso, o aglomerado tem 5 elementos esqueléticos de cobertura acompanhados de 5 conjuntos de 12 electrões.

Prova:

F=14n+2(n=12)+CO=12[RhH(CO)$_2$]+CO
12[RhH(CO)$_2$]+CO+5[RhH(CO)]
$=Rh_{17}(CO)_{30}(H)_{17}=Rh_{17}(CO)_{30}(CO)_{7}^{3-}=Rh_{17}(CO)_{37}^{3-}$

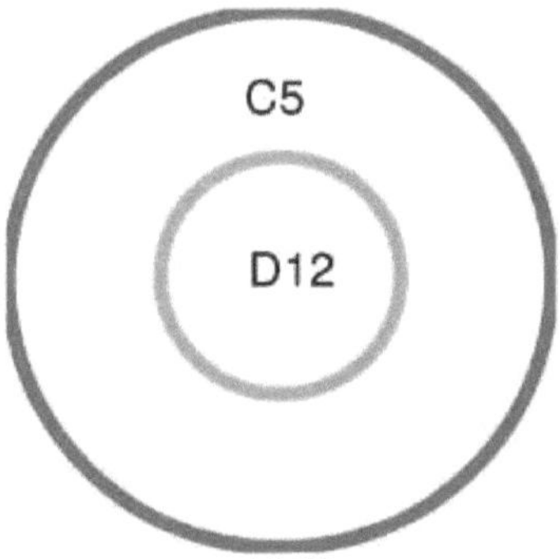

$Rh_{17}(CO)_{37}^{3-}$
Figura 43.

K=2z-1+3y=2(12)-1+3(5)=38
K(n)=38(17)
K=n+t=17+21(n=17, t=21)
K=2n+4(t-n)
VE=4n-8
VE=14n-8=14(17)- 8=230
VE=14z+2+12y=14(12)+2+12(5)=230
VE=18n-2K=18(17)-2(38)=230
AP-32: $F=Rh_{17}(CO)_{30}^{3-}$ n=17
VF=216
J=VF-12n=216-12(17)=12 z=J/2-1=12/2-1=6-1=5 **$K^*=D^5C^{12}$(z=5, y=12)**
Isto significa que o aglomerado pertence ao grupo de aglomerados D^5 (VE=14z+2=14(5)+2=72, metais de transição). O grupo D^5 corresponde ao grupo $F=B_5H_5^{2-}$ (VE=22, elementos do grupo principal, forma de bipirâmide trigonal, D_{3h}). Além disso, o aglomerado tem 12 elementos esqueléticos de cobertura acompanhados de 12 conjuntos de 12 electrões.

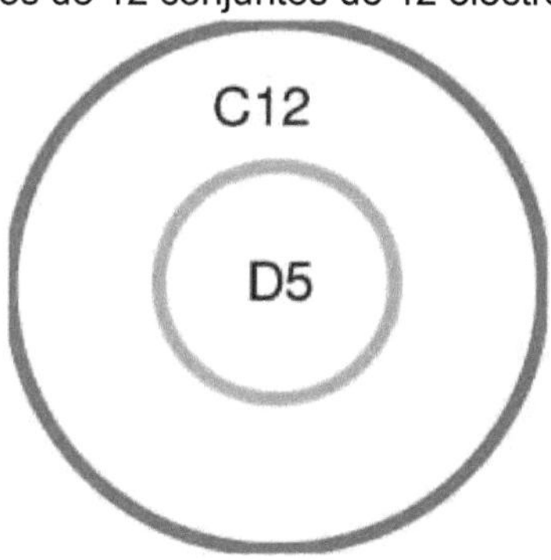

$Rh_{17}(CO)_{30}^{3-}$
Figura 44.

K=2z-1+3y=2(5)-1+3(12)=45

K(n)=45(17)

K=n+t=17+28(n=17, t=28)

K=2n+11(t-n)

VE=4n-22

VE=14n-22=14(17)- 22=216

VE=14z+2+12y=14(5)+2+12(12)=216

VE=18n-2K=18(17)-2(45)=216

AP-33: $F=Os_{20}(CO)_{40}^{2-}$ n=20

VF=242

J=VF-12n=242-12(20)=2 z=J/2-1=2/2-1=1-1=0 **$K^*=D^0C^{20}$(z=0, y=20)**

Isto significa que o aglomerado pertence ao grupo D^0 (VE=14z+2=14(0)+2=2, metais de transição). O grupo D^0 corresponde a $F=B_0H_0^{2-}$ (VE=2, elementos do grupo principal). Além disso, o aglomerado tem 20 elementos esqueléticos de cobertura acompanhados de 20 conjuntos de 12 electrões.

F=14n+2(n=0)=n[Os(CO)$_3$](n=0)+CO=CO F=CO+20[Os(CO)$_2$]=$Os_{20}(CO)_{41}$= $Os_{20}(CO)_{40}^{2-}$

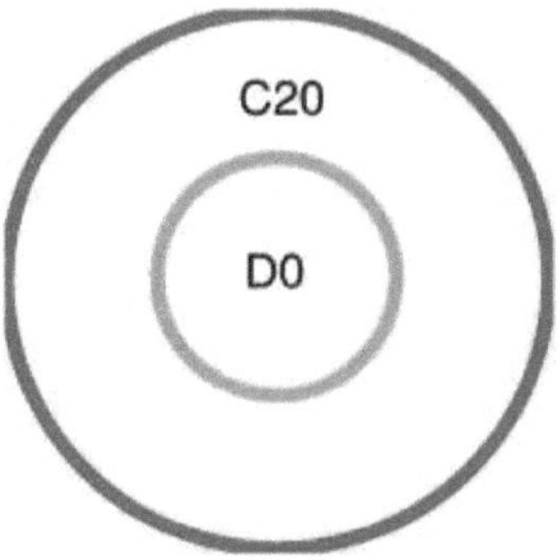

$Os_{20}(CO)_{40}^{2-}$

Figura 45.

K=2z-1+3y=2(0)-1+3(20)=59

K(n)=59(20)

K=n+t=20+39(n=20, t=39)

K=2n+19(t-n)

VE=4n-38

VE=14n-38=14(20)-38=242

VE=14z+2+12y=14(0)+2+12(20)=242

VE=18n-2K=18(20)-2(59)=242

AP-34: $F=Os_{12}Rh_9(CO)_{44}(Cl)$ n=21

VF=266

J=VF-12n=266-12(21)=14

z=J/2-1=14/2-1=7-1=6

$K^*=D^6C^{15}$(z=6, y=15)

Isto significa que o aglomerado pertence ao grupo de aglomerados D^6 (VE=14z+2=14(6)+2=86, metais de transição). O grupo D^6 corresponde ao grupo $F=B_6H_6^{2-}$ (VE=26, elementos do grupo principal, forma octaédrica, O_h). Além disso, o aglomerado tem 15 elementos esqueléticos de cobertura acompanhados de 15 conjuntos de 12 electrões.

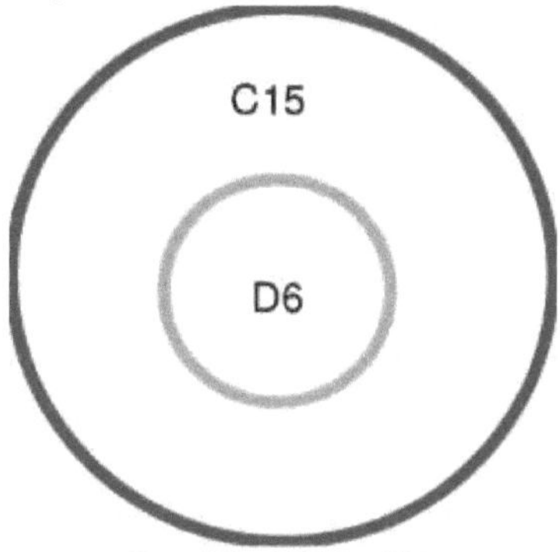

Figura 46.

K=2z-1+3y=2(6)-1+3(15)=56

K(n)=56(21)

K=n+t=21+35 (n=21, t=35)

K=2n+14(t-n)

VE=4n-28

VE=14n-28=14(21)-28=266

VE=14z+2+12y=14(6)+2+12(15)=266

VE=18n-2K=18(21)-2(56)=266

AP-35: $F=Rh_{22}(CO)_{37}^{4-}$ n=22

VF=276

J=VF-12n=276-12(22)=12 z=J/2-1=12/2-1=6-1=5 **$K^*=D^5C^{17}$(z=5, y=17)**

Isto significa que o aglomerado pertence ao grupo de aglomerados D^5 (VE=14z+2=14(5)+2=72, metais de transição). O grupo D^5 corresponde ao grupo $F=B_5H_5^{2-}$ (VE=22, elementos do grupo principal, forma de bipirâmide trigonal, D_{3h}). Além disso, o aglomerado tem 17 elementos esqueléticos de cobertura acompanhados de 17 conjuntos de 12 electrões.

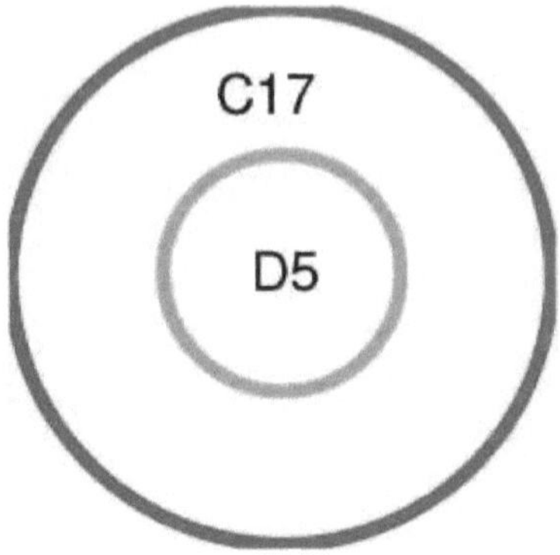

$Rh_{22}(CO)_{37}^{4-}$

Figura 47.

K=2z-1+3y=2(5)-1+3(17)=60

K(n)=60(22)

K=n+t=22+38(n=22, t=38)

K=2n+16(t-n)

VE=4n-32

VE=14n-32=14(22)-32=276

VE=14z+2+12y=14(5)+2+12(17)=276

AP-36: F=$Pt_{23}(CO)_{27}^{2-}$ n=23

VF=286

J=VF-12n=286-12(23)=10

z=J/2-1=10/2-1=5-1=4

$K^*=D^4C^{19}$(z=4, y=19)

Isto significa que o cluster pertence ao grupo de clusters D^4 (VE=14z+2=14(4)+2=58, metais de transição). O grupo D^4 corresponde a F=$B_4H_4^{2-}$ (VE=18, elementos do grupo principal). Além disso, o aglomerado tem 19 elementos esqueléticos de cobertura acompanhados de 19 conjuntos de 12 electrões.

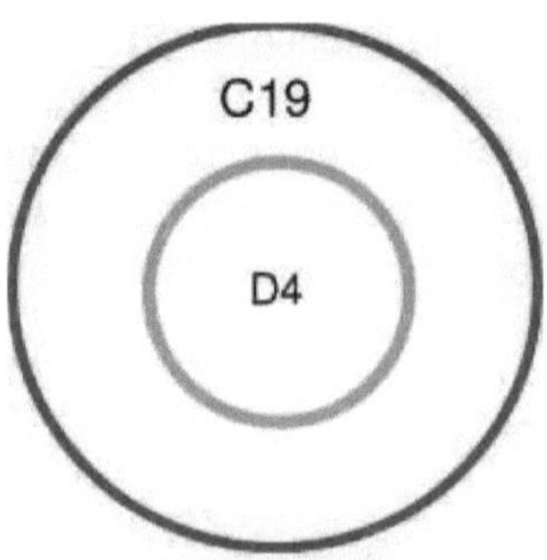

$Pt_{23}(CO)_{27}^{2-}$

Figure 48.

K=2z-1+3y=2(4)-1+3(19)=64
K(n)=64(23)
K=n+t=23+41(n=23, t=41)
K=2n+18(t-n)
VE=4n-36
VE=14n-36=14(23)-36=286
VE=14z+2+12y=14(4)+2+12(19)=286
VE=18n-2K=18(23)-2(64)=286
AP-37: $F=Pt_{26}(CO)_{32}^{2-}$ n=26
VF=326
J=VF-12n=326-12(26)=14 z=J/2-1=14/2-1=7-1=6 **$K^*=D^6C^{20}$(z=6, y=20)**

Isto significa que o cluster pertence ao grupo de clusters D^6 (VE=14z+2=14(6)+2=86, metais de transição). O grupo D^6 corresponde ao grupo $F=B_6H_6^{2-}$ (VE=26, elementos do grupo principal, forma octaédrica, O_h). Além disso, o aglomerado tem 20 elementos esqueléticos de cobertura acompanhados de 20 conjuntos de 12 electrões.

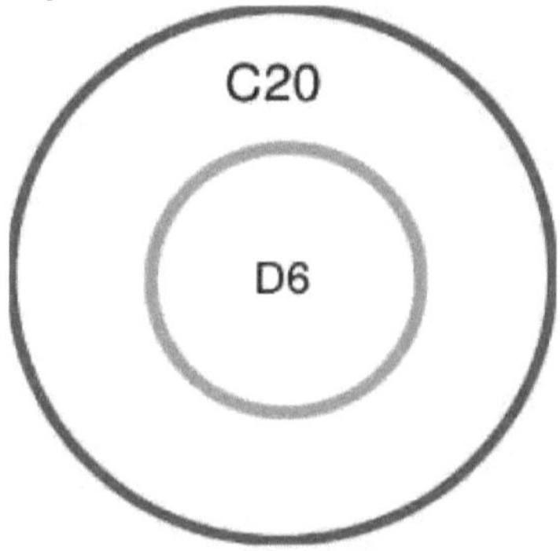

$Pt_{26}(CO)_{32}^{2-}$
Figure 49.

K=2z-1+3y=2(6)-1+3(20)=71
K(n)=71(26)
K=n+t=26+45(n=26, t=45)
K=2n+19(t-n)
VE=4n-38
VE=14n-38=14(26)-38=326
VE=14z+2+12y=14(6)+2+12(20)=326
VE=18n-2K=18(26)-2(71)=326
AP-38: $F=Pt_{33}(CO)_{38}^{2-}$ n=33
VF=408
J=VF-12n=408-12(33)=12 z=J/2-1=12/2-1=6-1=5
$K^*=D^5C^{28}$(z=5, y=28)

Isto significa que o aglomerado pertence ao grupo de aglomerados D^5 (VE=14z+2=14(5)+2=72, metais de transição). O grupo D^5 corresponde ao grupo $F=B_5H_5^{2-}$ (VE=22, elementos do grupo principal, forma de bipirâmide trigonal, D_{3h}). Além disso, o aglomerado tem 28 elementos esqueléticos de cobertura acompanhados de 28 conjuntos de 12 electrões.

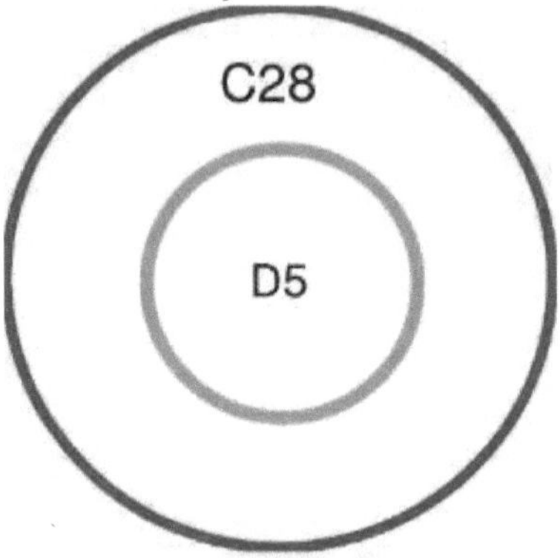

$Pt_{33}(CO)_{38}^{2-}$
Figure 50.

K=2z-1+3y=2(5)-1+3(28)=93
K(n)=93(33)
K=n+t=33+60(n=33, t=60)
K=2n+27(t-n)
VE=4n-54
VE=14n-54=14(33)-54=408
VE=14z+2+12y=14(5)+2+12(28)=408
VE=18n-2K=18(33)-2(93)=408
AP-39: $F=Pt_{36}(CO)_{44}^{2-}$ n=36
VF=450
J=VF-12n=450-12(36)=18
z=J/2-1=18/2-1=9-1=8
$K^*=D^8C^{28}$(z=8, y=28)

Isto significa que o cluster pertence ao grupo de clusters D^8 (VE=14z+2=14(8)+2=114, metais de transição). O grupo D^8 corresponde a $F=B_8H_8^{2-}$ (VE=34, elementos do grupo principal). Além disso, o grupo tem 28 elementos esqueléticos de cobertura acompanhados de 28 conjuntos de 12 electrões).

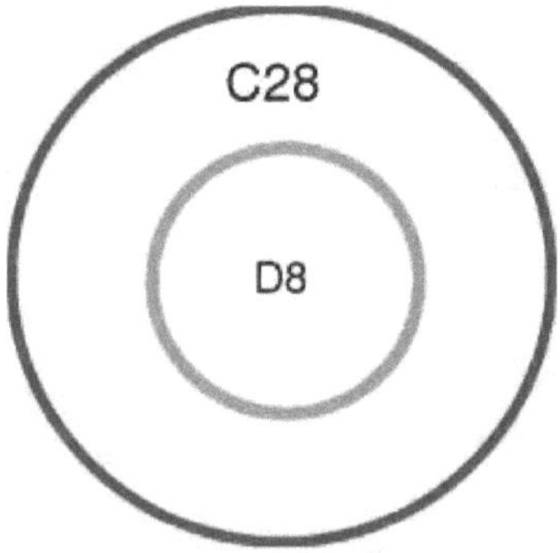

$Pt_{36}(CO)_{44}^{2-}$
Figure 51.

K=2z-1+3y=2(8)-1+3(28)=99
K(n)=99(36)
K=n+t=36+63(n=36, t=63)
K=2n+27(t-n)
VE=4n-54
VE=14n-54=14(36)-54=450
VE=14z+2+12y=14(8)+2+12(28)=450
VE=18n-2K=18(36)-2(99)=450
AP-40: $F=Pt_{38}(CO)_{44}^{2-}$ n=38
VF=470
J=VF-12n=470-12(38)=14 z=J/2-1=14/2-1=7-1=6 **$K^*=D^6C^{32}$(z=6, y=32)**
Isto significa que o cluster pertence ao grupo de clusters D^6 (VE=14z+2=14(6)+2=86, metais de transição). O grupo D^6 corresponde ao grupo $F=B_6H_6^{2-}$ (VE=26, elementos do grupo principal, forma octaédrica, Oh). Além disso, o aglomerado tem 32 elementos esqueléticos de cobertura acompanhados de 32 conjuntos de 12 electrões.

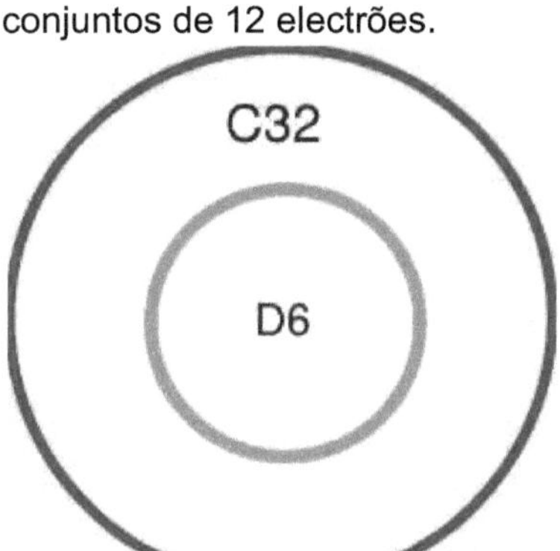

$Pt_{38}(CO)_{44}^{2-}$
Figure 52.

$K=2z-1+3y=2(6)-1+3(32)=107$

$K(n)=107(38)$

$K=n+t=38+69(n=38, t=69)$

$K=2n+31(t-n)$

$VE=4n-62$

$VE=14n-62=14(38)-62=470$

$VE=14z+2+12y=14(6)+2+12(32)=470$

$VE=18n-2K=18(38)-2(107)=470$

AP-41: $F=Pt_{40}(CO)_{40}^{6-}$ $n=40$

$VF=486$

$J=VF-12n=486-12(40)=6$

$z=J/2-1=6/2-1=3-1=2$

$K^*=D^2C^{38}(z=2, y=38)$

Isto significa que o aglomerado pertence ao grupo D^2 (VE=14z+2=14(2)+2=30, metais de transição). O grupo D^2 corresponde ao grupo $F=B_2H_2^{2-}$ (VE=10, elementos do grupo principal). Além disso, o grupo tem 38 elementos esqueléticos de cobertura acompanhados de 38 conjuntos de 12 electrões.

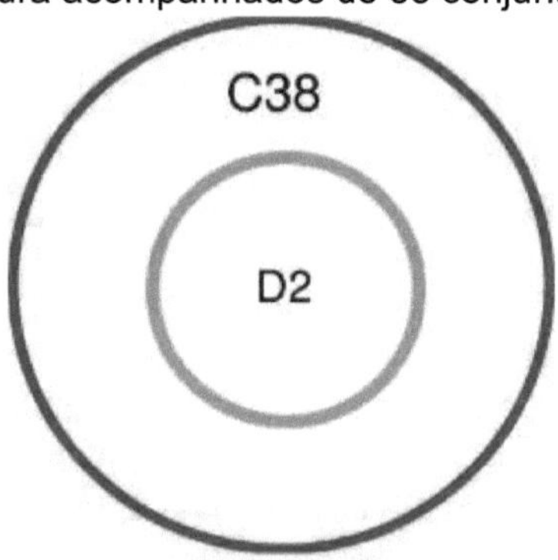

$Pt_{40}(CO)_{40}^{6-}$

Figure 53.

$K=2z-1+3y=2(2)-1+3(38)=117$

$K(n)=117(40)$

$K=n+t=40+77(n=40, t=77)$

$K=2n+37(t-n)$

$VE=4n-74$

$VE=14n-74=14(40)-74=486$

$VE=14z+2+12y=14(2)+2+12(38)=486$

$VE=18n-2K=18(40)-2(117)=486$

AP-42: $F= Ni_{13}Pd_{13}(CO)_{34}^{4-}$ $n=26$

$VF=332$

J=VF-12n=332-12(26)=20 z=J/2-1=20/2-1=10-1=9

$K^*=D^9C^{17}$(z=9, y=17)

Isto significa que o aglomerado pertence ao grupo D^9 (VE=14z+2=14(9)+2=128, metais de transição). O grupo D^9 corresponde ao grupo $F=B_9H_9^{2-}$ (VE=38, grupo de elementos do grupo principal). Além disso, o grupo tem 17 elementos esqueléticos de cobertura acompanhados de 17 conjuntos de 12 electrões.

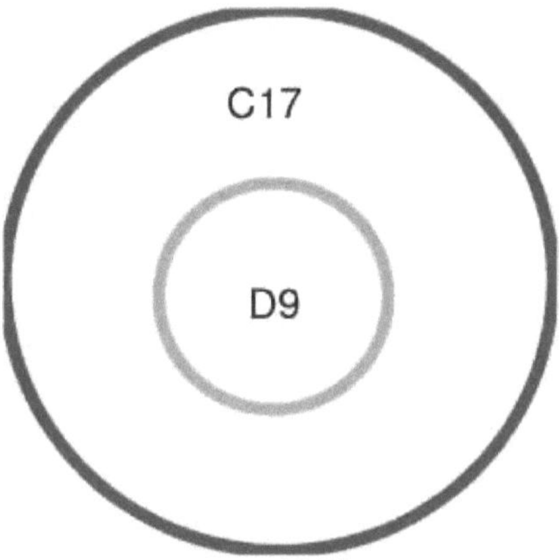

$Ni_{13}Pd_{13}(CO)_{34}^{4-}$

Figura 54.

K=2z-1+3y=2(9)-1+3(17)=68

K(n)=68(26)

K=n+t=26+42(n=26, t=42)

K=2n+16(t-n)

VE=4n-32

VE=14n-32=14(26)-32=332

VE=14z+2+12y=14(9)+2+12(17)=332

VE=18n-2K=18(26)-2(68)=332

AP-43:F= $Pd_{30}(CO)_{26}L_{10}$ n=30

VF=372

J=VF-12n=372-12(30)=12 z=J/2-1=12/2-1=6-1=5

$K^*=D^5C^{25}$(z=5, y=25)

Isto significa que o aglomerado pertence ao grupo de aglomerados D^5 (VE=14z+2=14(5)+2=72, metais de transição). O grupo D^5 corresponde ao grupo $F=B_5H_5^{2-}$ (VE=22, elementos do grupo principal, forma de bipirâmide trigonal, D_{3h}). Além disso, o aglomerado tem 25 elementos esqueléticos de cobertura acompanhados de 25 conjuntos de 12 electrões.

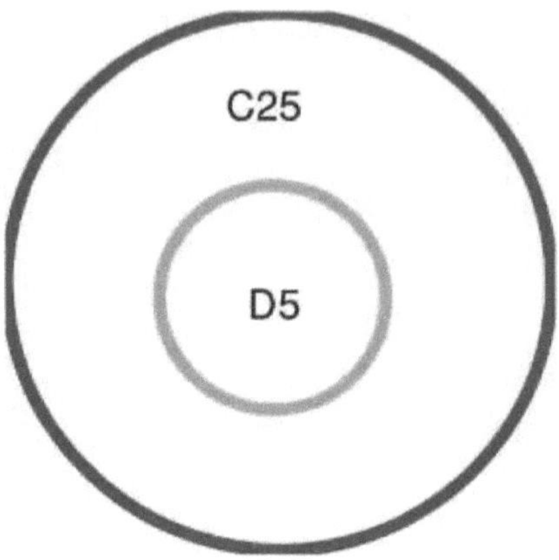

$Pd_{30}(CO)_{26}L_{10}$

Figura 55.

K=2z-1+3y=2(5)-1+3(25)=84
K(n)=84(30)
K=n+t=30+54(n=30, t=54)
K=2n+24(t-n)
VE=4n-48
VE=14n-48=14(30)-48=372
VE=14z+2+12y=14(5)+2+12(25)=372
VE=18n-2K=18(30)-2(84)=372
AP-44: $F=Ni_{16}Pd_{16}(CO)_{40}^{4-}$ n=32
VF=404
J=VF-12n=404-12(32)=20 z=J/2-1=20/2-1=10-1=9 **$K^*=D^9C^{23}$(z=9, y=23)**
Isto significa que o aglomerado pertence ao grupo de aglomerados D^9 (VE=14z+2=14(9)+2=128, metais de transição). O grupo D^9 corresponde ao grupo $F=B_9H_9^{2-}$ (VE=38, grupo de elementos do grupo principal). Além disso, o grupo tem 23 elementos esqueléticos de cobertura acompanhados de 23 conjuntos de 12 electrões.

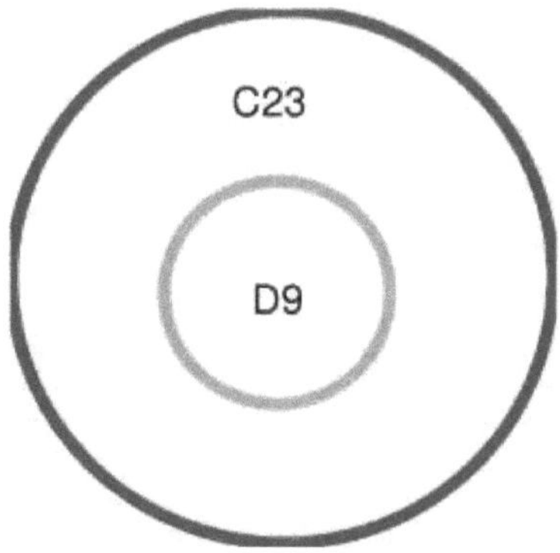

$Ni_{16}Pd_{16}(CO)_{40}^{4-}$

Figura 56.

K=2z-1+3y=2(9)-1+3(23)=86
K(n)=86(32)
K=n+t=32+54(n=32, t=54)
K=2n+22(t-n)
VE=4n-44
VE=14n-44=14(32)-44=404
VE=14z+2+12y=14(9)+2+12(23)=404
VE=18n-2K=18(32)-2(86)=404
AP-45: $F=Rh_{33}(CO)_{47}^{5-}$ n=33
VF=396
J=VF-12n=396-12(33)=0
z=J/2-1=0/2-1=0-1=-1
$K^*=D^{-1}C^{34}$(z=-1, y=34)

Isto significa que o aglomerado pertence ao grupo D^{-1} (VE=14z+2=14(-1)+2=-12, metais de transição). O grupo D^{-1} corresponde ao grupo $F=B-{}_{1}H_{-1}^{2-}$ (VE=-2, elementos do grupo principal). Além disso, o aglomerado tem 34 elementos esqueléticos de cobertura acompanhados de 34 conjuntos de 12 electrões.

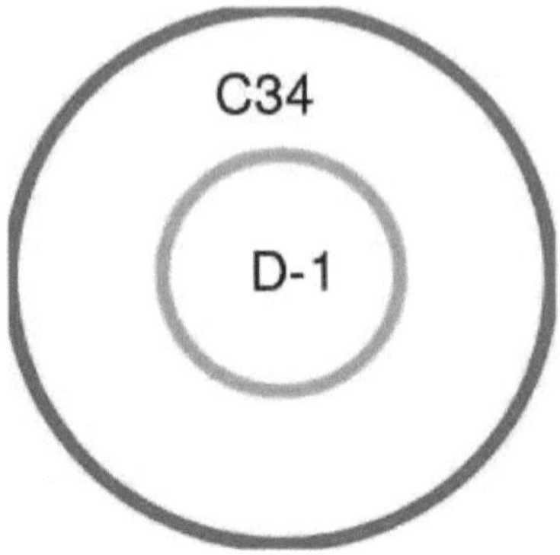

$Rh_{33}(CO)_{47}^{5-}$

Figura 57.

K=2z-1+3y=2(-1)-1+3(34)=99

K(n)=99(33)

K=n+t=33+66(n=33, t=66)

K=2n+33(t-n)

VE=4n-66

VE=14n-66=14(33)-66=396

VE=14z+2+12y=14(-1)+2+12(34)=396

VE=18n-2K=18(33)-2(99)=396

AP-46: $F=Ni_{36}Pt_4(CO)_{48}^{6-}$ n=40

VF=502

J=VF-12n=502-12(40)=22

z=J/2-1=22/2-1=11-1=10

K*=$D^{10}C^{30}$(z=10, y=30)

Isto significa que o aglomerado pertence ao grupo de aglomerados D^{10} (VE=14z+2=14(10)+2=142, metais de transição). O grupo D^{10} corresponde ao grupo $F=B_{10}H_{10}^{2-}$ (VE=42, elementos do grupo principal). Além disso, o grupo tem 30 elementos esqueléticos de cobertura acompanhados de 30 conjuntos de 12 electrões.

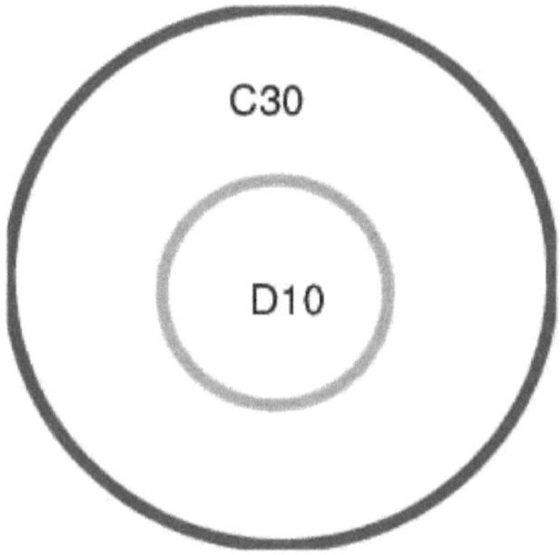

$Ni_{36}Pt_4(CO)_{48}^{6-}$

Figura 58.

K=2z-1+3y=2(10)-1+3(30)=109

K(n)=109(40)

K=n+t=40+69(n=40, t=69)

K=2n+29(t-n)

VE=4n-58

VE=14n-58=14(40)-58=502

VE=14z+2+12y=14(10)+2+12(30)=502

VE=18n-2K=18(40)-2(109)=502

AP-47: $F=Ni_{37}Pt_4(CO)_{46}^{6-}$ n=41

VF=508

J=VF-12n=508-12(41)=16 z=J/2-1=16/2-1-1=8-1=7 **$K^*=D^7C^{34}$(z=7, y=34)**

Isto significa que o aglomerado pertence ao grupo D^7 (VE=14z+2=14(7)+2=100, metais de transição). O grupo D^7 corresponde a $F=B_7H_7^{2-}$ (VE=30, elementos do grupo principal). Além disso, o aglomerado tem 34 elementos esqueléticos de cobertura acompanhados de 34 conjuntos de 12 electrões.

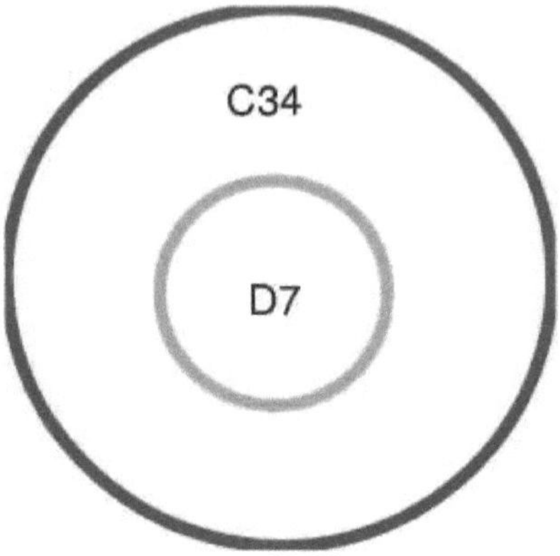

$Ni_{37}Pt_4(CO)_{46}^{6-}$

Figura 59.

K=2z-1+3y=2(7)-1+3(34)=115
K(n)=115(41)
K=n+t=41+74(n=41, t=74)
K=2n+33(t-n)
VE=4n-66
VE=14n-70=14(41)-66=508
VE=14z+2+12y=14(7)+2+12(34)=508
VE=18n-2K=18(41)-2(115)=508
AP-48: $F=Ni_{35}Pt_9(CO)_{48}^{6-}$ n=44
VF=542
J=VF-12n=542-12(44)=14 z=J/2-1=14/2-1=7-1=6 **$K^*=D^6C^{38}$(z=6, y=38)**
Isto significa que o aglomerado pertence ao grupo de aglomerados D^6 (VE=14z+2=14(6)+2=86, metais de transição). O grupo D^6 corresponde ao grupo $F=B_6H_6^{2-}$ (VE=26, elementos do grupo principal, forma octaédrica, O_h). Além disso, o aglomerado tem 38 elementos esqueléticos de cobertura acompanhados de 38 conjuntos de 12 electrões.

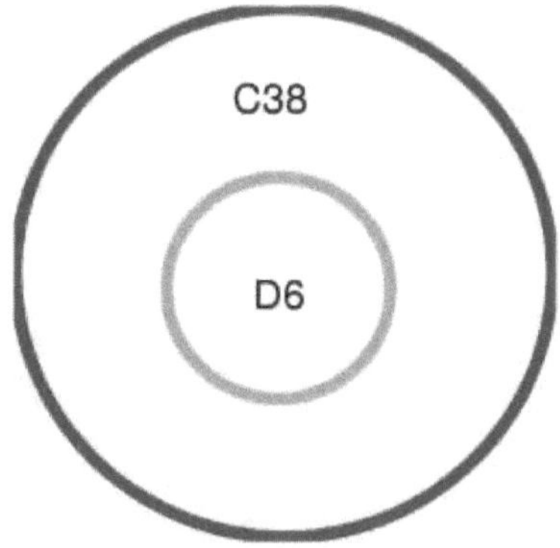

$Ni_{35}Pt_9(CO)_{48}^{6-}$

Figura 60.

K=2z-1+3y=2(6)-1+3(38)=125
K(n)=125(44)
K=n+t=44+81(n=44, t=81)
K=2n+37(t-n)
VE=4n-74
VE=14n-74=14(44)-74=542
VE=14z+2+12y=14(6)+2+12(38)=542
VE=18n-2K=18(44)-2(125)=542
AP-49: $F=Ni_{26}Pd_{20}(CO)_{54}^{6-}$ n=46
VF=574
J=VF-12n=574-12(46)=22
z=J/2-1=22/2-1=11-1=10
$K^*=D^{10}C^{36}$(z=10, y=36)

Isto significa que o aglomerado pertence ao grupo de aglomerados D^{10} (VE=14z+2=14(10)+2=142, metais de transição). O grupo D^{10} corresponde ao grupo $F=B_{10}H_{10}^{2-}$ (VE=42, elementos do grupo principal). Além disso, o grupo tem 36 elementos esqueléticos de cobertura acompanhados de 36 conjuntos de 12 electrões.

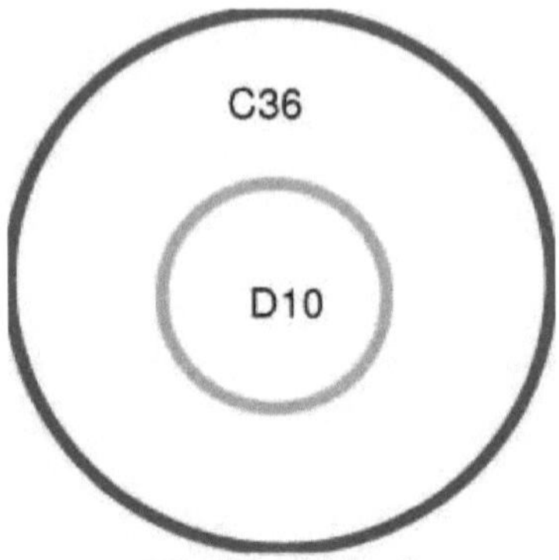

$Ni_{26}Pd_{20}(CO)_{54}^{6-}$
Figure 61.

K=2z-1+3y=2(10)-1+3(36)=127
K(n)=127(46)
K=n+t=46+81(n=46, t=81)
K=2n+35(t-n)
VE=4n-70
VE=14n-70=14(46)-70=574
VE=14z+2+12y=14(10)+2+12(36)=574
VE=18n-2K=18(46)-2(127)=574
AP-50: $Ni_{32}Pt_{24}(CO)_{56}^{6-}$ n=56
VF=678
J=VF-12n=678-12(56)=6 z=J/2-1=6/2-1-1=3-1=2 **$K^*=D^2C^{54}$(z=2, y=54)**
Isto significa que o aglomerado pertence ao grupo D^2 (VE=14z+2=14(2)+2=30, metais de transição). O grupo D^2 corresponde ao grupo $F=B_2H_2^{2-}$ (VE=10, elementos do grupo principal). Além disso, o grupo tem 54 elementos esqueléticos de cobertura acompanhados de 54 conjuntos de 12 electrões.

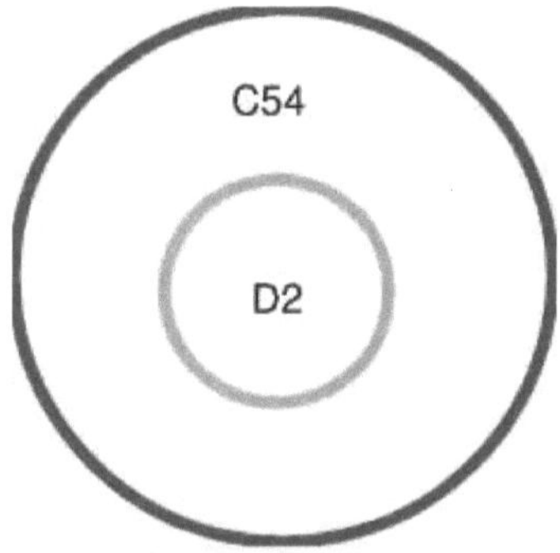

$Ni_{32}Pt_{24}(CO)_{56}^{6-}$
Figure 62.

K=2z-1+3y=2(2)-1+3(54)=165
K(n)=125(44)
K=n+t=44+81(n=44, t=81)
K=2n+37(t-n)
VE=4n-74
VE=14n-74=14(44)-74=542
VE=14z+2+12y=14(6)+2+12(38)=542
VE=18n-2K=18(44)-2(125)=542

RECONHECIMENTO

O autor deseja agradecer à sua família por ter proporcionado um ambiente propício à realização do trabalho, e também deseja agradecer a Turigye Micheal pela ajuda na edição do trabalho.

REFERÊNCIAS

A Teoria de Cobertura de Aglomerados Químicos: Baseada na Série 12N/14N
Kiremire, Enos
ISBN 10: 6139985595 / ISBN 13: 9786139985593
Publicado por LAP LAMBERT Academic Publishing, 2019
O CONCEITO DE UM NÚCLEO DE CLUSTER QUÍMICO Prof. Enos Kiremire
Publicado por LAP LAMBERT Academic Publishing, 2020
ISBN 10:6202556528/ ISBN 13: 9786202556521
Análise de aglomerados de carbonilo de metais de transição utilizando números esqueléticos Enos Kiremire
Publicado por LAP LAMBERT Academic Publishing, 2019
ISBN 10:6200006202/ ISBN 13: 9786200006202
OS BORANES COM TODA A SIMPLICIDADE
Kiremire, Enos Masheija Rwantale
Publicado pelas Edições Notre Savoir, 2024
ISBN 10:6208336589/ ISBN 13: 9786208336585
Fenómenos de tricotomia natural
Kiremire, Prof. Enos Masheija Rwantale
Publicado por LAP Lambert Academic Publishing, 2024 ISBN 10: 6208011221 / ISBN 13: 9786208011222
CLASSIFICAÇÃO DOS SUPERCONDUTORES ATRAVÉS DE NÚMEROS ESQUELÉTICOS
Kiremire, Prof. Enos Masheija Rwantale
Publicado por LAP LAMBERT Academic Publishing, 2023
ISBN 10: 6206166082 / ISBN 13: 9786206166085
ALGUMAS LEIS NATURAIS CONHECIDAS DE CLUSTERES QUÍMICOS: E SUAS APLICAÇÕES AINDA MAIS Kiremire, Prof. Enos Masheija Rwantale
Publicado por LAP LAMBERT Academic Publishing, 2024 ISBN 10:6207639707/ ISBN 13: 9786207639700
O CÓDIGO SECRETO
Enos Kiremire
Publicado por LAP LAMBERT Academic Publishing, 2020
ISBN 10:6203040835/ ISBN 13: 9786203040838
A TOPOLOGIA NATURAL DOS CLUSTERS QUÍMICOS: BASEADA EM VALORES ESQUELÉTICOS E TRIÂNGULOS Kiremire, Prof. Enos
Publicado por LAP LAMBERT Academic Publishing, 2021
ISBN 10: 6203201723 / ISBN 13: 9786203201727
ANÁLISE DE AGLOMERADOS QUÍMICOS GIGANTES
Kiremire, Prof. Enos Masheija Rwantale
Publicado por LAP LAMBERT Academic Publishing, 2024 ISBN 10:

620764977X / ISBN 13: 9786207649778

A Nova Tabela Periódica de Aglomerados Químicos Kiremire, Prof. Enos Masheija Rwantale

Publicado por LAP Lambert Academic Publishing, 2024

ISBN 10: 365969777X / ISBN 13: 9783659697777

Análise qualitativa de iões Zintl

Kiremire, Prof. Enos Masheija Rwantale

Publicado por LAP Lambert Academic Publishing, 2024 ISBN 10:6207843290/ ISBN 13: 9786207843299

The New Order of Chemical Clusters: 2n/6n Kiremire, Prof Enos Masheija Rwantale Publicado por LAP Lambert Academic Publishing, 2024 ISBN 10:6207465687/ ISBN 13: 9786207465682

TEORIA DA CONVERGÊNCIA DE AGLOMERADOS QUÍMICOS

Prof. Enos Masheija Rwantale Kiremire

Publicado por Editions Notre Savoir, 2022

ISBN 10:6205320320/ ISBN 13: 9786205320327

Aplicação de números esqueléticos para categorizar aglomerados químicos Kiremire, Enos

Publicado por LAP LAMBERT Academic Publishing, 2018

ISBN 10:3330028246/ ISBN 13: 9783330028241

ANÁLISE DE AGLOMERADOS EM SANDUÍCHE: AGLOMERADOS DE METAIS DE TRANSIÇÃO, LANTANÍDEOS E ACTINÍDEOS UTILIZANDO NÚMEROS ESQUELÉTICOS

Kiremire, Prof. Enos Masheija Rwantale

Publicado por LAP LAMBERT Academic Publishing, 2023

ISBN 10:6205632357/ ISBN 13: 9786205632352

NUMERAÇÃO DE BORANOS E DE MÉTALOBORANOS

Enos Masheija Rwantale Kiremire

Publicado por Editions Notre Savoir, 2022

ISBN 10:6205539357/ ISBN 13: 9786205539354

Classificação dos grupos de carbónicos

Kiremire, Enos

Publicado por Éditions universitaires européennes, 2020

ISBN 10: 6139556287 / ISBN 13: 9786139556281

BORANOS E A VALÊNCIA ESQUELÉTICA DE CINCO

Enos Kiremire

Publicado por LAP LAMBERT Academic Publishing Mrz 2020, 2020

ISBN 10:6200787743/ ISBN 13: 9786200787743

INTRODUÇÃO À TEORIA DOS ANÉIS DE AGLOMERADOS QUÍMICOS

Enos Masheija Rwantale Kiremire

Publicado por LAP LAMBERT Academic Publishing Dez 2021,2021

ISBN 10:6204732323/ ISBN 13: 9786204732329

TEORIA DA SEPARAÇÃO E AGLOMERADOS QUÍMICOS
Enos Masheija Rwantale Kiremire
Publicado por LAP LAMBERT Academic Publishing Nov 2023, 2023
ISBN 10:6207447204/ ISBN 13: 9786207447206

MIX
Papier aus verantwortungsvollen Quellen
Paper from responsible sources
FSC® C105338

Printed by Books on Demand GmbH, Norderstedt / Germany